阳光姐姐

科普·小·书房

熟悉又陌生的地球

伍美珍 主编

明天出版社
TOMORROW PUBLISHING HOUSE

U0334645

本书使用指南

瞧这个图标剪影，每个主题都不一样呢。

每个主题都以一个故事场景作为开始，引出之后的探索旅程。

每个主题漫画后都附有"科普小书房"，介绍与主题相关的科普知识点，对漫画中的知识进行补充和拓展。

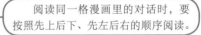

阅读漫画时，要按照先上后下、先左后右的顺序阅读。

阅读同一格漫画里的对话时，要按照先上后下、先左后右的顺序阅读。

画外音会让漫画故事的情节更加完整，不要错过哟。

认识阳光姐姐

阳光姐姐伍美珍

亲爱的小读者们，很高兴能和你在"阳光姐姐科普小书房"中相遇。

我主编这套科普读物，与"阳光姐姐小书房"解答孩子们成长中的困惑的思路是一脉相承的。我认为科普读物也可以做得具有故事性、趣味性和知识性，这样你们才爱读。这一套书就是以四格漫画的活泼形式，巧妙融合有趣的科普知识，解答你们在科学方面的疑惑，开阔大家的视野。

在这套丛书中，作为"阳光姐姐"的"我"化身为一个会魔法的教师，带领着阳光家族的成员们，以实地教学的方式给大家上"科学课""自然课"。真心地希望这套书能够成为你的小书房中的一部分，让你爱上科学知识。

祝你们阅读快乐，天天快乐！

目录

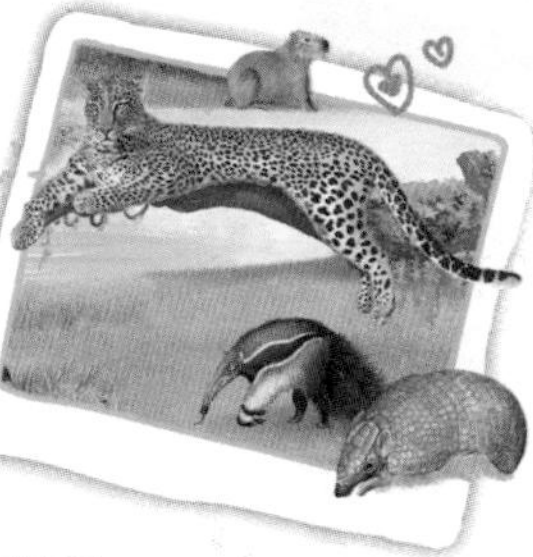

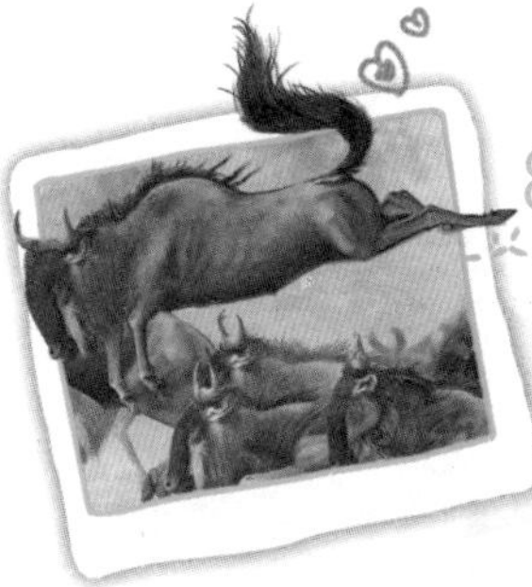

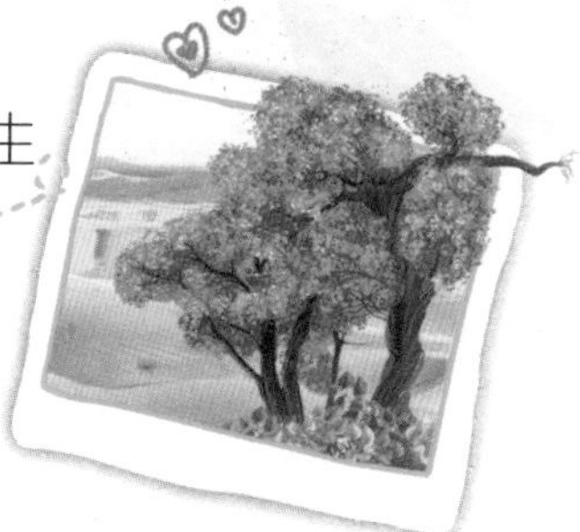

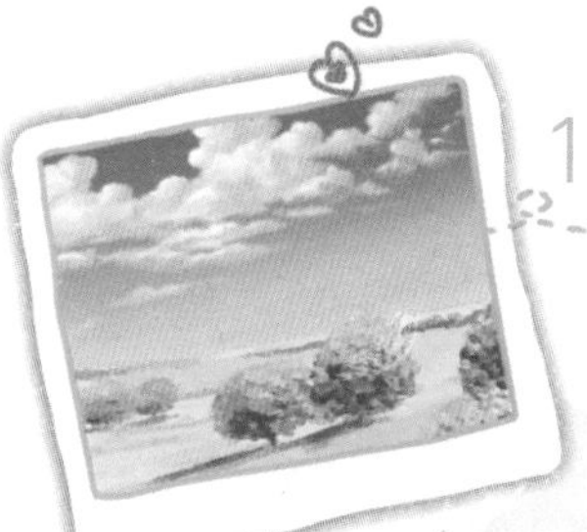

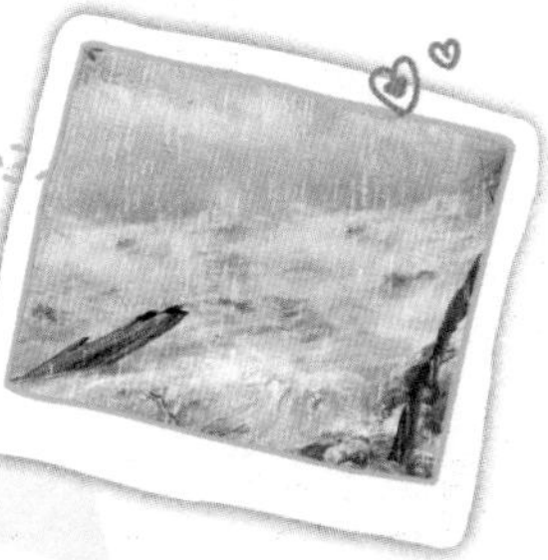

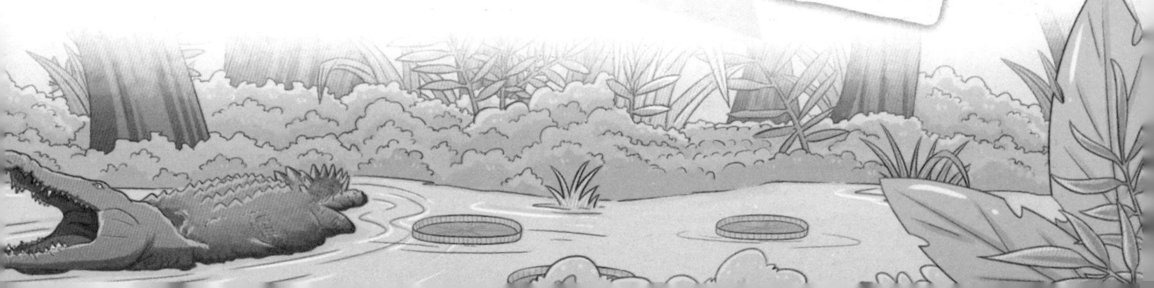

惜城

我叫惜城，是全校最聪明的男生。我最喜欢搞怪，每天都在制造笑话，很多有趣的话都出自我之口，朋友们说我动不动就会陷入"抽风状态"。

这是我同桌兔子，热爱读书的学霸，同时也是班花级美女。只要是书本上有的知识，她总是能信手拈来；只要是有趣的课外知识，她总忍不住记下来。

兔子

我和咪咪是好朋友，我们很喜欢整惜城。

这个呆呆的小胖子是阿呆，有点傻乎乎，脾气很好，爸爸是大老板，所以他是个低调的"富二代"。坐在他旁边的小胖妞是咪咪。当阿呆有难的时候，咪咪总是拔刀相助。

咪咪

我最大的梦想就是吃遍天下美食。

我喜欢好看的和可爱的事物，好奇心强，不过一旦说到认真学习，就会"灵魂出窍"。

阿呆

张小伟是个心思细腻的安静男生，生长在单亲家庭，对妈妈很依赖。他性格温柔，自律又勤奋。因为长相帅气、待人亲和，所以他和女生十分谈得来。缺点是有些多愁善感，还有点儿多情。

我叫江冰蟾，性格内向，十分要强，因此有些孤独，朋友不是很多，我总是沉浸在自己的世界里。我最擅长的是数学，最害怕考试失误。

张小伟

江冰蟾

阳光姐姐伍美珍

喜欢小朋友，喜欢开玩笑，被好友亲昵地称为"美美"的人。

善于用键盘敲故事，而用钢笔却写不出一个故事的……奇怪的人。

在大学课堂讲授一本正经的写作原理的人，在小学校园和孩子们笑谈轻松阅读和快乐写作的人，在杂志中充当"阳光姐姐"，为解决小朋友的烦恼出主意的人。

每天电子信箱里都会堆满"小情书"，其内容大都是"阳光姐姐，我好喜欢你"这样情真意切表白的……幸福的人。

已敲出 100 多本书的……超人！

我是朱子同，不仅爱玩，还十分会玩，网络流行语尽在我的掌握之中。我喜欢打游戏，还自制娱乐恶搞节目，很有表演天赋，朋友众多。我自认为毫无缺点。

朱子同

博客（伍美珍阳光家族）
http://blog.sina.com.cn/ygjzbjb
信箱:ygjjxsf@126.com

地球：唯一存在生命的星球

阳光姐姐和大家一起到野外游玩，因为玩得太晚了，所以大家决定集体在野外露营。这种机会实在是太少了，大家都兴奋得不想睡觉。咪咪高兴地在草地上撒欢儿，兔子对着星空大声呼喊，朱子同和惜城架着望远镜认真地观察起天上的星星来。

后来，大家玩累了，都躺在阳光姐姐身边，看着满天的繁星说说笑笑。

本期出场人物：阳光姐姐、惜城、兔子、咪咪、朱子同

我突然有个好想法，不如大家去太空看一看吧！

咪咪，不要异想天开了好不好，其他星球是没有人的，这点科学常识都没有，你怎么去江湖闯荡。

傻瓜，你是不是还幻想与外星人交朋友？

我们能看到别的星球，不知道其他星球的人能不能看到我们？

哈，神奇的一幕出现了，一艘飞船从天而降，大家不知什么时候坐进了飞船里。等大家缓过神儿来，飞船已经加速驶向了太空。

啊吧啦，啊咔啦，变变变！

啊！地球越来越小了，现在看起来真像一个蓝色的足球。

地球表面71%被海水覆盖，那蓝色的部分其实就是海水。

子同，你现在可以拿地球当足球踢了，莫失良机哟！

可惜我没有那么大的力气。

9

快看，好漂亮的灯光秀。

只见窗外的天空被五颜六色的光照亮，光线时明时暗，有时像一块荧幕，有时又像一条彩带，把夜空装饰得分外美丽。

这不是灯光秀，而是神奇的极光！

兔子好棒！实际上，极光是一种放电现象。来自太阳的带电粒子因为地球磁场的关系，会被带到地球的两极，使高层大气中的分子或原子激发或电离，就产生了极光。

这么神奇！我以为地球的磁场只能帮助我们辨认方向呢。

可别小看地球的磁场，如果地球没有磁场，从太阳发出的带电粒子流就不会发生偏转，而是直射地球，杀死地球上的一切生命！

大家朝外面一看，随即哈哈大笑起来，原来那是飞行在地球上空的人造卫星。

快看，那儿有外星飞船！

拜托你多学点科学知识吧！这是人造卫星，用来发送信号的航天器。

人造卫星的作用可大着呢，我们收看电视节目、天气预报都是它们的功劳。

这些卫星是怎么飞到这里的呢？

当发射卫星用的火箭速度达到7.9千米／秒时，卫星就可以围绕地球运动了。如果发射速度超过11.2千米／秒，那卫星就可以"脱离"地球引力了。

宇宙这么大，恒星这么多，总会有和地球类似的行星吧？

惜城的推理是有道理的。太阳系处于银河系之中，而银河系中的恒星有上千亿颗，所以很可能再出现一个和太阳系类似的星系。

天哪，千亿颗？那宇宙会不会有一天因为太拥挤而爆炸？

你真是语出惊人！

这个课题我们以后再研究。现在时间不早了，我们该回去啦。

说着，阳光姐姐施展"啊吧啦，啊咔啦，速速恢复"的魔法，带着大家回到了露营地。

哈哈！终于回来了，还是这里更有生机，更有活力。我从来没有如此眷恋我们的地球，今后我会好好爱它的。

给地球称重

地球那么大，普通的测重方法肯定是行不通的，因为世界上没有一杆能称得起地球的巨秤，就算有，也没有人能拿得起这杆秤。

但是，给地球称重这个难题还是被英国物理学家亨利·卡文迪许攻克了。1798 年，他通过巧妙的实验，终于利用"扭秤"测量出了地球的质量。那么地球到底有多沉呢？答案是 5.976×10^{24} 千克，也就是 60 万亿亿吨。

有趣的是，因为地球每年都会受到陨石、彗星等外来物的撞击，因此地球的重量每一年都会增加 10000~100000 吨。

×81

如果把地球放在天平上，需要约 81 个月球才能维持与地球的平衡

天狗食日

当月球运行到地球和太阳中间，三者正好处于一条直线时，月球就会挡住太阳射向地球的光，使太阳看起来像是一部分或全部消失了，古人不知道原因，以为是天狗在吃太阳，于是把这种现象称为"天狗食日"。其实，这只是一种和月食发生原理类似的天文现象，叫作日食。

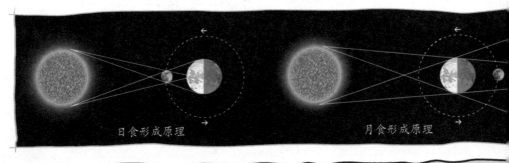

日食形成原理　　　　　　　月食形成原理

人造地球卫星

人们将一些人造设备用火箭发射到太空，让其围绕地球运动，并把它们叫作"人造卫星"。

1957 年 10 月 4 日，苏联发射了世界第一颗人造地球卫星——"史普尼克一号"。它的外形呈球状，直径 58 厘米，由铝合金制成。卫星安装了无线电发射机，还有 4 根柱形天线，其中两根长 2.9 米，另外两根长 2.4 米。

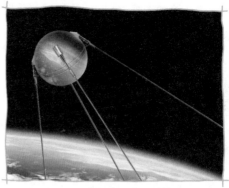

"史普尼克一号"

1970 年 4 月 24 日，我国成功发射了第一颗人造卫星——"东方红一号"。它标志着我国成为继苏联、美国、法国、日本之后，世界上第五个用自制火箭发射国产卫星的国家。

"东方红一号"是一个直径为 1 米的球形多面体，重 173 千克。卫星上面装有 4 根 3 米长的鞭形天线，壳体蒙皮为铝合金材质，在围绕地球运动的过程中不断向全世界播送乐曲《东方红》。

"东方红一号"

人造卫星的用途很多，比如可以用来观测大气的变化，帮助人们定位等。我们收看电视节目、用手机通讯也都离不开卫星的帮助。

目前，地球上空的人造卫星多达上千颗，每颗卫星围绕地球运动时都有自己的运行轨道，它们在太空中的运行就像汽车在路面上行驶一样，如果有的卫星偏离了自己的轨道，其他卫星就有可能和它相撞。

卫星观测到的台风的外形图

地球内部历险记

周末，阳光姐姐带领大家参观了一座自然博物馆。在博物馆里，大家被各种植物化石和恐龙化石惊呆了，那些化石栩栩如生，同学们甚至能数清鱼的骨头，有些植物的叶脉也能看得一清二楚。

大家睁大双眼，仔细地观看，并不时地低声惊叹——看来，大家都被这些大自然的"礼物"、地球的"艺术品"深深地震撼了。

本期出场人物：阳光姐姐、惜城、朱子同、兔子、阿呆

要是我们也能找到一些化石就好了，近距离观察会更震撼吧？

这有何难！化石都是埋藏在地下的，只要你能确定一些化石的所在地，找起来就容易了。

阳光姐姐，这次你什么都没带，咱们怎么寻找化石呢？

哈哈，不必担心，看我的。

只见阳光姐姐口中念念有词："阿吧啦，阿咔啦，变！"大家瞬间坐上了一辆汽车，车上有锤子、铲子、电钻等工具。大家的身上还穿着矿工的工作服，非常有趣。

好了，到站了，大家拿好工具下车吧。

惜城，这个矿区除了石头，连一根草都不长，怎么能挖到化石呢？阳光姐姐不会在哄我们吧？

不要怀疑我的女神！否则和你绝交！

化石不是埋在地层中嘛，而采矿工人刚好在地面挖了一个大坑，大家可以借助这个大坑来寻找化石呀。

巨大的矿坑里，众人边挖边议论着。

化石化石快出现，让我一睹你真颜！

化石是古生物的遗体被泥沙覆盖后形成的一种特殊的遗迹。它一般存在于沉积岩中。

嗯，沉积岩是岩石的一种，主要存在于地表。大家向四周看，这些岩石有明显的分层，土壤下面的黄褐色岩石叫作砂岩，它是由各种砂粒组成的。

再往下的有灰色条纹的一层叫作页岩，主要由黏土胶结而成。

大家再往下看，这些灰白色的、呈层状结构的就是石灰岩，石灰岩的主要成分为碳酸钙，我们平时见到的石灰就取材于石灰岩。

我在新闻上看到，页岩可以用来很好地储存石油。

当然不是啦。现在我们处在石灰岩层，如果石灰岩中的碳酸钙遇到从地面渗下来的水，并且水中刚好溶有二氧化碳，那么石灰岩就会被溶解，出现小洞。如果水不断地渗入，这些小洞就会越来越大，逐渐变成我们现在看到的溶洞。

这些钟乳石的形成过程和溶洞刚好相反，溶解碳酸钙的水滴落下来，因为压力、温度的改变，水会蒸发，剩下的物质就又变成了碳酸钙。它们不断地积累，就形成了钟乳石。

阳光姐姐，这个溶洞可真大啊！它是怎么形成的呢？不会是人工开凿的吧？

我在书上看到过，北美洲有一个溶洞，足有 250 千米长呢。

为了让大家更好地理解变质岩，阳光姐姐发动汽车，启动钻头，继续向地球深处前进。到达变质岩层时，汽车停了下来。

这不是大理石吗？

没错，大理石就是一种典型的变质岩。"变质"指的是岩石的结构、质地和矿物成分发生变化的过程。不过，岩石变质不是在短时间内完成的，这一过程一般需要进行几百万年甚至上千万年。

大家千万别这么做！现在汽车外面的温度已经超过了100℃，这种温度常人是受不了的。

这是多么珍贵的宝贝呀。阿呆，我们挖一些拿回去作为纪念吧。

刚才我在溶洞里感觉很凉爽。我以为越接近地心温度就越低呢。

汽车继续前行，大家感觉越来越热。幸好车内有强大的制冷系统，大家才没有被热晕。

恰恰相反，从地球表面到地核，温度是逐渐升高的。咱们现在看到的变质岩，也有加强地热的作用。

车为什么行进得这么慢，是快要没油了吗？

我们已经到达火成岩层了，因为火成岩太硬了，钻头快要钻不动了。

随后，汽车在这里停了下来，阳光姐姐给汽车换了一个更大的钻头。

31

阳光姐姐，如果我们继续往下走，会遇到什么状况呢？

再往下走就到了地幔。地幔的主要成分也是固态岩石，不过那里的温度非常高，所以我给大家每人定做了一套隔热服，大家赶紧穿上吧。

穿上隔热服后，阳光姐姐加大油门，汽车加速向地球内部行进。

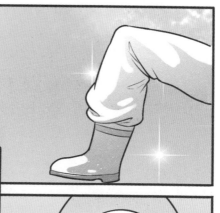

正当大家感觉天旋地转时，汽车穿过地幔，到达地核的边缘。

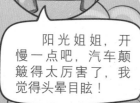

阳光姐姐，开慢一点吧，汽车颠簸得太厉害了，我觉得头晕目眩！

同学们，我们马上就要到达地核了。这里的温度非常高，你们看，外面的岩石已经变成液态的了。

大家向窗外望去，只见红色的岩浆在不断流动，汽车仿佛置身于红色的海洋中。

我们真的到达地核了！这么高的温度，不知道这里有没有生命存在呢？

凡尔纳的科幻小说《地心游记》讲的就是发生在这里的故事，我很想出去探险一番呢。

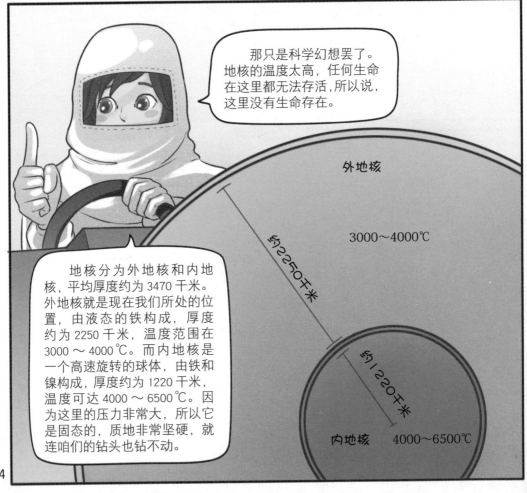

那只是科学幻想罢了。地核的温度太高，任何生命在这里都无法存活，所以说，这里没有生命存在。

地核分为外地核和内地核，平均厚度约为3470千米。外地核就是现在我们所处的位置，由液态的铁构成，厚度约为2250千米，温度范围在3000～4000℃。而内地核是一个高速旋转的球体，由铁和镍构成，厚度约为1220千米，温度可达4000～6500℃。因为这里的压力非常大，所以它是固态的，质地非常坚硬，就连咱们的钻头也钻不动。

外地核

3000～4000℃

约2250千米

约1220千米

内地核　4000～6500℃

地球内部面面观

地球由多个物质分布不均匀的同心球层组成，我们可以把地球看作是一个大梨。梨有果皮、果肉和核，而地球则是由地壳、地幔和地核构成，和梨的结构是一一对应的关系。如果你想钻到地球内部去旅游，那么我们就得像虫子一样把这个"大梨"给钻透。

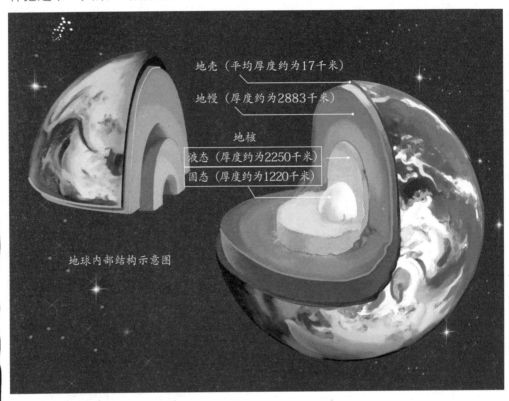

地壳（平均厚度约为17千米）

地幔（厚度约为2883千米）

地核

液态（厚度约为2250千米）

固态（厚度约为1220千米）

地球内部结构示意图

"大梨"的最外层是地壳，也就是"梨皮"，地壳厚度不一，平均厚度约为 17 千米。它的上层为花岗岩层，下层为玄武岩层。人类目前钻得最深的位置距地面 12 千米，相当于仅仅咬破了梨皮。

"大梨"的"果肉部分"就是地幔，其厚度约 2883 千米，上层主要是橄榄石，下层是具有一定塑性的固体物质。当你来到地幔时，最好穿一件隔热服，因为这里十分炎热。

地核就像梨核，它被地幔牢牢地包裹着。地核的平均厚度约为 3470 千米，外核是液态的，可流动；内核是固态的，主要由铁、镍等金属元素构成。地核的温度非常高，最高可达 5000℃以上，任何生物都无法在这里生存。

化石的形成过程

　　简单来说，化石就是已经灭绝的古生物遗体经过漫长的岁月而保留下来的一种遗迹。大到一个完整的骨架，小到一块脚趾骨，甚至连粪便和脚印都可以成为化石。那么，化石是如何形成的呢？以恐龙化石为例，它的形成一般需要经过以下几个步骤：

1.恐龙遭受洪水、地震而死，或者自然死亡。

2.恐龙的尸体被泥沙或海水覆盖，尸体长期处在缺氧的环境中。

3.恐龙的肌肉慢慢腐烂，骨骼和牙齿在泥沙中经过几千万年慢慢石化，最终形成化石。

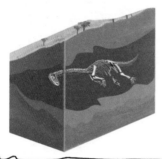

4.化石形成后，一般都会被埋在岩石层或者地下，而水、风或人类活动都会导致化石所在的岩石裸露出来。

惹人喜爱的宝石

　　矿物是由化学元素构成的一种埋在地下的固体物质。因构成元素不同，再加上温度及压力的变化，自然界中的矿物呈现出不同的形状及颜色，有些具有非常高的收藏及观赏价值。下面，让我们欣赏一下它们的"美貌"吧！

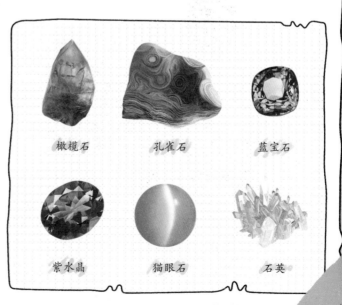

橄榄石　　　　孔雀石　　　　蓝宝石

紫水晶　　　　猫眼石　　　　石英

岩浆的通道——火山

<big>暑</big>假终于到来了。为了奖励大家，阳光姐姐带领同学们来到太平洋上的"璀璨珍珠"——夏威夷度假。夏威夷有着干净的海水、松软的沙滩、温暖的阳光、充满花香的空气……一切都美得不可思议。大家在这里快乐地游玩着，享受着。

当然，同学们都知道，夏威夷群岛除了沙滩，还有数不清的火山。大家都很想感受一下火山喷发带来的震撼，阳光姐姐看出了大家的心思，决定带领大家去参观一座真正的活火山。

本期出场人物：阳光姐姐、惜城、朱子同、阿呆、咪咪

回到大本营，大家稍作休整，便坐上阳光姐姐的飞机出发了。

嗡嗡嗡

嗡嗡嗡

真期待！马上就能看到电影《天崩地裂》的场景了。

难道你想体验一下吗？

火山喷发时，会喷出大量的液态岩浆，大家知道这些液态岩浆是怎么来的吗？

我听说岩浆是来自地幔的，可是上次我们参观地球内部时，看到地幔的岩石是固态的呀。

地幔的岩石在多数情况下都是固态的，不过有些地方由于压力、温度不均衡，岩石会熔化，变成液态的岩浆。它比周围的固态岩石更热、更轻，所以会向上涌。

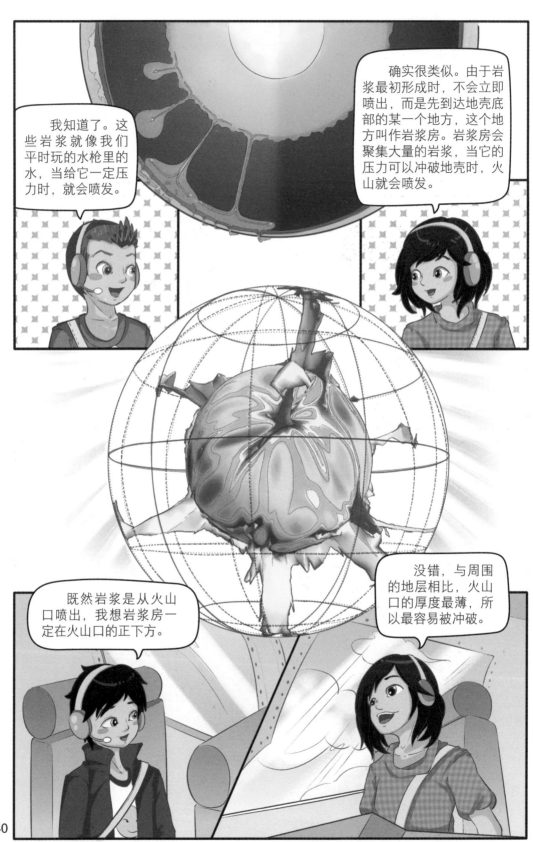

我知道了。这些岩浆就像我们平时玩的水枪里的水，当给它一定压力时，就会喷发。

确实很类似。由于岩浆最初形成时，不会立即喷出，而是先到达地壳底部的某一个地方，这个地方叫作岩浆房。岩浆房会聚集大量的岩浆，当它的压力可以冲破地壳时，火山就会喷发。

既然岩浆是从火山口喷出，我想岩浆房一定在火山口的正下方。

没错，与周围的地层相比，火山口的厚度最薄，所以最容易被冲破。

你们看，下面这些火山的火山口都塌陷了……

这些火山都曾猛烈地喷发过，这会导致火山口塌陷，形成"破火山口"。

它与岩浆大量喷出有关吗？

是的。岩浆房其实就像一个盛水囊，当岩浆喷出后，岩浆房的上方就会空出一部分，如果此时岩浆房无法承受火山的重量，那么火山口就会塌陷，形成"破火山口"，这种情况多发生在火山大规模喷发之后。

原来我在学习上也有聪明的时候……

偶尔说对了一次，不至于这么得意吧。

快看，我也有新发现！下面有些火山都连成串了。

串？难道像烤串一样？

大家纷纷向下望去，果然，一座座火山刚好排列成一条线，非常壮观。

板块？难道地壳不是一个整体，而是由多块物体组合起来的？

这些连成串的火山叫作火山链，是由于板块的移动而形成的。

说得对。科学家发现，地壳并不是一个整体，而是由无数个板块拼合而成，其中有六个较大的板块，分别是太平洋板块、亚欧板块、美洲板块、印度洋板块、非洲板块和南极洲板块。这些板块的交界处不仅是火山喷发的高发区，还极易引发地震。

亚欧板块
美洲板块
非洲板块
太平洋板块
印度洋版块
南极洲板块

噢，我知道了。这就是日本多发生地震的原因吧？

没错，日本位于太平洋板块和亚欧板块的交界处。根据地质板块学说，太平洋板块比较薄，密度比较大，位置相对较低。当太平洋板块向西水平移动时，就会俯冲到相邻的亚欧板块之下。当这两个板块发生碰撞、挤压时，板块交界处的岩层就会变形、断裂，从而引起火山喷发、地震等地质现象。

这些连成串的火山到底是怎么形成的呢？总不会像烤串那样吧？

死火山　活火山

板块运动

岩石圈

软流圈

地幔

热点

当然不是啦。由地幔生成的岩浆会先上升到地壳底部，由于地壳是由板块构成的，当火山喷发后，地壳会移动，那么在火山通道的上方就会形成位置固定的"热点"，岩浆通过"热点"不断涌出。当板块经过"热点"时，就会形成一座座新火山，最终组成一个火山链。

真是太神奇了！火山竟然会连成一串……

除了夏威夷，中美洲的危地马拉也有一个由多座火山组成的火山链。

那我们赶快降落，前去一睹火山链的奇观吧。

阳光姐姐让大家穿上了特制的防护服，以免被火山喷出的岩浆烫伤，然后将飞机降落在了一座正在喷射岩浆的火山附近。

岩浆不断向外涌出，火山随时可能喷发，大家赶紧戴上了防护面具。

快看，岩浆不断地往外流，多像一条条红色的小溪！

这些岩石是岩浆冷却后的产物，其"年龄"和地球内部的玄武岩相差几十亿年呢。

这不就是我们上次在地球内部看到的玄武岩吗？

这些浮石像海绵一样，真有趣，咱们捡几块带回去吧。

正当大家捡石头的时候，忽然听到一声巨响，原来是火山喷发了。

轰隆

这是浮石。岩浆遇到冰冷的海水后会凝固成石头，因为岩浆中的气体会释放到空气中，所以石头的表面就会留下许多小孔。

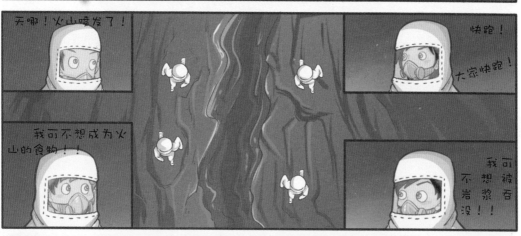

火山的类型

按照活动性质，火山可分为活火山、休眠火山和死火山三种类型。

活火山：包括那些正在喷发的火山和那些虽已长期没有喷发，但在人类历史上有过喷发活动且有可能再次喷发的火山。

休眠火山：长期没有喷发活动，但仍具有活动能力的火山。它和活火山之间很难划出明确的界限。

死火山：已经没有活动能力的火山。有的还保持着火山特有的形态，但有史以来一直没有活动过。

火山喷发的类型

受火山喷发环境、火山通道形状等诸多因素影响，火山喷发时呈现的景象是不一样的，一般来说共有六种类型。

夏威夷式喷发：特点是喷发时会涌出大量的熔岩流，并形成又宽又低的盾状火山。

普林尼式喷发：特点是火山渣、火山灰和气体被喷到空中。然后，火山渣会像雨滴一样落到地面。

武尔卡诺式喷发：特点是喷发时会伴随着剧烈的爆炸。岩浆会变成火山弹，向四周散开。

培雷式喷发：特点是喷发出一块块浓稠的熔岩，并产生由火山灰和气体构成的发光云。

冰岛式喷发：特点是大量玄武质熔岩从裂谷的张性裂隙中喷出。

斯特龙博利式喷发：特点是喷发时会产生炽热的熔岩，其中包含火山块、火山灰和小块的黏稠的火山弹。

遮天蔽日的火山灰

火山剧烈喷发时，炽热的岩浆会在空中爆炸成碎片，这些碎片统称为火山碎屑物。它们大小不一，其中那些直径小于 2 毫米、能飘浮在空中的小碎屑物就是火山灰。

部分火山灰飘浮到空中，会遮住阳光；或者落到植物的表面，对植物造成毁灭性的危害。有专家认为，恐龙的灭绝就与发生在白垩纪晚期的大规模的火山喷发有关。

不过，少量的火山灰可以给土地增肥。另外，冷却的熔岩会被慢慢风化，此时，火山周围就会变成肥沃的土地，也造就了独一无二的火山口风光。

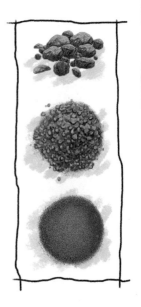

有毒气体

火山喷发时，除了火山灰，还会产生大量有害气体，这是导致火山附近生物死亡的主要原因。

这些气体最初溶解在液态的岩浆中，当岩浆冲出地面变成固态时，气体会被释放出来，其最主要的成分是二氧化碳、硫化氢以及二氧化硫。其中二氧化硫会严重损害人们的眼睛，还会在空中与水蒸气结合，形成酸雨。

除此之外，火山喷发产生的有毒气体还会含有少量氟化氢及其剧毒衍生物。大家千万不要小看它们——人只要吸入微量的这些有毒气体就会呼吸神经麻痹，全身乏力；若吸入过量则会窒息而死。

地震：大地在颤抖

夏日的午后，因为刚刚下过一场小雨，所以空气变得清新起来，室外也不像之前那样闷热了。课外兴趣小组刚刚完成了一次生物实验，大家热烈地讨论着，都有些意犹未尽。于是，阳光姐姐提议去山里捕捉昆虫制作标本。大家一听，纷纷摩拳擦掌。

本期出场人物：阳光姐姐、朱子同、兔子、阿呆、咪咪

这次上山，我们要捉几种蝴蝶和飞蛾，飞蛾一般在夜晚活动，所以我们可能要在山上过夜。大家多带些食物和水，我负责带帐篷。

我带的食物全都是素食，轻巧便携。

既然你们喜欢吃素食，那肉类都归我啦，不过要辛苦你啦，阿呆。

放心吧，我就是把自己丢了，也不会把食物弄丢的！

因为山路崎岖难走，所以大家选择徒步上山。

你们看，那座山为什么会有弯弯曲曲的像波浪线一样的褶皱？我记得上次我们看到的岩石都是平行分层的。

我猜这座山一定遭受了某种神秘力量的作用，说不定是外星人干的——它们思维独特，就把这座山变成了现在的形状。

这种山叫褶皱山，是地表岩层受到水平方向的作用力而形成的构造特殊的山地。

天哪，能把山挤压成这样，这得有多大的力量呀。

这种作用力往往源自板块之间的碰撞和挤压，除了形成褶皱山，板块的不断挤压还会在平地形成山峰，著名的喜马拉雅山就是板块挤压的结果。

不好！我可能吃得太少，有点饿晕了。

我早餐可是吃得饱饱的，怎么也觉得两眼冒金星呢？

你们俩不要瞎想了。这是地震了！你们看，山顶的大石头都滚下来了。

大家快跑，那边有一个山洞，我们可以先去里面躲避一下。

大家快速向山洞跑去，等大家躲到里面后，巨大的石块纷纷滚落，瞬间就堵住了洞口。

这下完了！洞口被堵住了，我们要被困死在这里了吗？

大家不要着急，先休息一下，保存体力，我一定想办法带大家出去。

不行不行，我有幽闭恐惧症，我好害怕！

一会儿如果再发生地震，这里不会坍塌吧？我记得小学老师告诉我们，地震时一定要往空旷的地方跑。

子同说得非常正确！地震发生时，要第一时间往空旷的地方跑，操场和广场都是比较安全的地方。不过，我察看过了，这个山洞和这座山是一体的，它刚才没有坍塌，说明这里还是很安全的。

阳光姐姐，为什么会发生地震呢？地震到底是怎么引起的？

板块相互挤压会导致地壳岩层断裂，这时候就会产生巨大的能量。能量会以地震波的形式向外扩散，当地震波到达地面时，能量就会释放，造成房屋倒塌，路面塌陷等严重后果。

你们看，这个岩层断裂的地方就是震源；位于震源上方的地表部分就是震中；这一圈圈的类似波纹的线就是地震波。

我看书上说，震中是遭受地震破坏最严重的地方。

是的。在地表，地震波由震源发出，距离震源越远，能量波及的程度就越小，造成的破坏也就越轻。

太抽象了，我不懂啊……

我再打个比方。当我们把石头扔进湖里，就会看到一圈圈波纹向外散开。离石头最近的波纹总是波动最明显，而向外散开的波纹则会渐渐平缓，直到最后消失，这和地震的原理是一样的。

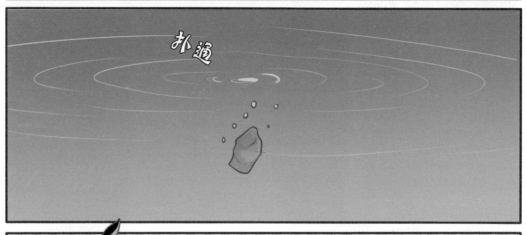

扑通

我还听说过一个专业名词——地震烈度，它和震级是一回事吗？

它们是两个不同的概念。震级代表地震的强弱，一次地震只有一个震级。而烈度是指地震对不同地点造成破坏的程度，一次地震可以划分出多个烈度。烈度越大，说明地震造成的破坏越严重。

只见阳光姐姐念起魔法咒语，大家眼前随即出现了一个大钻头。钻头高速旋转，不一会儿就钻出了一个新的洞口。大家依次从洞口钻出。然后，阳光姐姐又变出了一架飞机，大家有惊无险地离开了这里。

地震震级和烈度

地震震级是衡量地震大小、测定地震强弱的量度，它与地震所释放的能量有关。我国使用的震级标准是国际通用震级标准，叫作"里氏震级"。按照这种划分方法，可以把地震划分为 12 级。

同样震级的地震，造成的破坏不一定相同；同一次地震，在不同的地方造成的破坏也不一样。因此，就要用地震烈度来衡量地震的破坏程度。地震烈度大小与震级、震源深度、震中距以及震区的地质条件等因素有关。一般来讲，一次地震发生后，震中区域的破坏最严重，烈度最高，这个烈度称为震中烈度。地震烈度从震中向四周逐渐降低。目前，地震烈度可以分为 12 个等级。

Ⅰ度：无感，仅仪器能监测到。

Ⅱ度：个别处于休息状态的人在完全静止中有感觉。

Ⅲ度：房间内少数人在静止中有感觉，悬挂物轻微摆动。

Ⅳ度：房间内大多数人、房间外少数人有感觉，悬挂物摆动，器皿作响。

Ⅴ度：房间内的人普遍有感，房间外大多数人有感觉，墙壁出现裂纹，门窗摇摆、作响。

Ⅵ度：人站立不稳，器皿翻落。

Ⅶ度：房屋轻微损坏，人很难站稳，地表出现裂缝。

Ⅷ度：房屋结构损坏，路基塌方，地下管道破裂。

Ⅸ度：房屋严重损坏，铁轨弯曲、变形。

Ⅹ度：房屋多数倒塌，道路毁坏，山体崩塌，河水涌向地面。

Ⅺ度：房屋大量倒塌，大量山体崩塌。

Ⅻ度：房屋普遍毁坏，地形剧烈变化。

学校里如何防震

正在上课时，要在教师指挥下迅速抱头、闭眼，躲在坚固的位置（如课桌下）。

从教室往外跑时，一定要用书包护住头部。

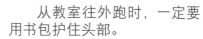

注意避开高大的建筑物或危险物。

在操场或室外时，可原地蹲下，并用双手保护头部。

注意！千万不要回到教室去。

在野外怎样避震

避开山脚、陡崖，以防山崩、滚石、泥石流等；避开陡峭的山坡、山崖，以防地裂、滑坡等。

遇到山崩、滑坡，要向垂直于山石滚落的方向跑，切不可顺着滚石的方向往山下跑。

也可躲在结实的障碍物下，同时一定要保护好头部。

生命的摇篮——海洋

在今天的生物课上，老师给大家介绍了色彩斑斓的海洋世界，还向大家展示了部分海洋生物的标本，有透明的水母、触手很多的海葵，还有绮丽多姿的珊瑚、形态各异的海星……大家边看边感叹海洋世界的神奇。可是兔子对这些装在瓶子里的标本兴趣不浓，她和同学约定，一定要亲自到大海里看看各种各样的海洋生物。

本期出场人物：阳光姐姐、朱子同、兔子、咪咪、江冰蟾

58

一个月后的一个周末，大家约定在海滩上见面，一同去探索海洋。

你们看，这些螃蟹竟然背着海螺！

这是寄居蟹，这些小家伙喜欢住在硬壳里。原因嘛，是为了保护自己不被天敌吃掉。

阳光姐姐找到一只寄居蟹，带领大家仔细观察。

当寄居蟹感到住处拥挤时，就会换一间新"房子"。而且，为了适应"房子"的形状，它们的身体也会发生变化。

硬壳内空间有限，难道寄居蟹不想长得高大一点吗？

虽然寄居蟹很有趣，但我更想下水去找海葵。

大家换上潜水服潜入海中，找了好一会儿，都没有见到海葵。

扑通　　　扑通

难道海葵知道有人找它们，都害羞得躲起来了？

海葵没有骨骼，它们栖息在海洋中的一个固定的地方，比如岩石或海底，所以我们还得往下潜。

继续下潜了一段距离后，大家来到了一个珊瑚礁前。在珊瑚礁周围，成群的鱼儿游来游去，而海葵则像被钉子钉住一样，长长的触手随着海水不断地摆动。

海葵多漂亮啊，像一株株盛开的鲜花。

虽然海葵看上去像植物，但它们却是地地道道的肉食者。

不可能吧？它们是怎么吃肉的？

海葵的触手上长着刺细胞，能分泌毒素，猎物被毒素麻痹后，海葵会用触手将它们慢慢地送到口中消化。

听上去有点奇怪，不过至少我知道了它不是植物。

海葵虽然像盛开的花，但是我认为五彩缤纷的珊瑚更漂亮。瞧，那棵珊瑚多像一棵树呀！

这些长得像树一样的珊瑚，学名叫树珊瑚，那些像扇子一样的珊瑚叫海扇珊瑚，那些酷似鹿角的珊瑚叫鹿角珊瑚……

珊瑚的家族很庞大呢。

你们看，那边还有一个像阿呆脑袋一样的珊瑚，是不是可以叫它"阿呆珊瑚"呢？

我也同意！

这是脑珊瑚！

61

这些珊瑚是怎么长大的呢？是不是和植物一样？

什么？我还以为珊瑚是水中的植物呢。

其实咱们现在看到的这些珊瑚并不是植物，也不是动物，它们是由大量珊瑚虫的遗骨堆积而成的。

珊瑚虫非常小，小到我们肉眼根本看不清。它们常常过着群居生活，以水中的浮游生物为食，是不折不扣的捕食者。

珊瑚虫在生长过程中会吸收海水中的钙和二氧化碳，然后分泌出石灰石作为自己的骨骼，这些石灰石即使在它们死后也不会被分解。珊瑚虫死去后，石灰石日积月累，就形成了我们看到的珊瑚。有些小岛甚至完全都是由珊瑚礁组成的……

这个我知道，比如澳大利亚的大堡礁。

正当大家全神贯注地欣赏珊瑚时，几头姥鲨游了过来。

大家不用害怕，这是姥鲨。虽然个头很大，但它们的食物和珊瑚虫一样，都是浮游生物。

不好，鲨鱼游过来了，我们快逃吧！

过了一会儿，一群虎鲸游到了大家周围，并且一直围着他们转圈。

虚惊一场！原来鲨鱼也有不吃人的呀。你们看，又游过来一群鲨鱼，我们和它们打个招呼吧。

这些鲨鱼打招呼的方式还真奇怪，我们也跟着它们转圈吧。

它们可不是什么鲨鱼，而是虎鲸，是非常凶猛的肉食动物。它们围成一圈是为了防止猎物逃脱，而现在，猎物就是我们！

啊啊啊，不要啊！我身上的肉并不多……

咕噜

咕噜

危急时刻，阳光姐姐施展魔法，大家一下子都变成了小鱼。对虎鲸来说，这么小的鱼不值得费力捕捉。

有阳光姐姐在，我们什么都不用怕！

好可怕，差一点儿被虎鲸吃掉！

你们快看，对面游过来一群"小伞"，还发着光呢。

大家小心，这是水母，它们是有毒的。别忘了我们现在是小鱼，千万不要靠近它们，远远地观察就好。

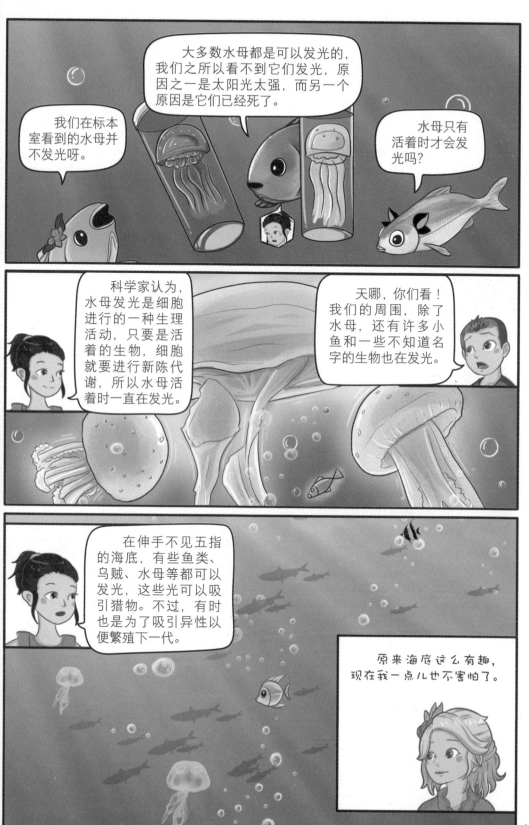

大多数水母都是可以发光的，我们之所以看不到它们发光，原因之一是太阳光太强，而另一个原因是它们已经死了。

我们在标本室看到的水母并不发光呀。

水母只有活着时才会发光吗？

科学家认为，水母发光是细胞进行的一种生理活动，只要是活着的生物，细胞就要进行新陈代谢，所以水母活着时一直在发光。

天哪，你们看！我们的周围，除了水母，还有许多小鱼和一些不知道名字的生物也在发光。

在伸手不见五指的海底，有些鱼类、乌贼、水母等都可以发光，这些光可以吸引猎物。不过，有时也是为了吸引异性以便繁殖下一代。

原来海底这么有趣，现在我一点儿也不害怕了。

此时，阳光姐姐念起魔咒，将大家恢复原样，并带领大家坐进了一艘潜水艇中。

奇怪，我怎么感觉越来越热了呢？刚才海水还寒冷刺骨呢。

这是因为我们来到海底温泉附近了。

大家快看，周围有好多生物呀！

海底也有温泉啊？温泉里竟然还有生物！

温泉喷出的水会释放硫化氢等气体，一些细菌可以利用这些气体合成有机物质，然后就引来一些无脊椎动物，这些生物主要以细菌和有机物质为食，进而形成一条海底温泉食物链，不信大家往下看。

真是太奇妙了，就像走进了童话世界。

自然界中每天都有新的物种被发现，而海底是发现新物种最多的地方之一。

话说，海底也会出现可怕的怪物吧？

我们还是赶紧回陆地吧，我看到那些像水管一样的虫子就觉得浑身不自在。

回到海平面上，大家本以为可以顺利地回到海雅了，谁知此时，海面掀起了滔天巨浪。

真是倒霉！刚才被虎鲸追，现在又遇到了大浪。

这么大的浪正好适合冲浪，可惜我没有带冲浪板。

真是一个好主意，我也很久没有冲浪了呢。

阳光姐姐看出了大家的心思，于是又施展魔法——大家身上的衣服变了，脚下都踩着一个冲浪板。

还等什么！让我们"乘风破浪"吧！

从大陆到海洋

和陆地上一样，海洋中也有高山、平原，还有深沟峡谷。世界各大洋的海底形态虽然各不相同，但基本上都是由大陆架、大陆坡、海沟、洋盆、海岭等几个部分组成。

从陆地进入海洋，我们首先看到的并不是海底，而是大陆向海洋的自然延伸，叫作大陆架。大陆架会以极缓的坡度延伸至大约 200 米深的海底。

继续往下潜，是大陆架向海底过渡的斜坡，叫作大陆坡，其深度一般为200~2500 米，它的底部才是大陆与海洋的真正的分界线。

在大陆坡的底部，大洋板块俯冲到大陆板块以下，形成了"V"形的海沟，海沟是海洋中最深的地方。这一带由于处在两个板块的交界处，所以地震、火山活动频繁发生。

海底盆地与海沟相接，这里和地面的盆地一样，都比较平缓，不过偶尔也会出现如同高山一般的海岭。

海洋中的哺乳动物

　　一说到哺乳动物，我们就会想到"草原之王"狮子，或者"短跑冠军"猎豹。那么，在号称"生命摇篮"的海洋中，有没有哺乳动物呢？海洋占地球表面的四分之三，这里不仅有各种各样的鱼类，还生活着多种哺乳动物，如海豚、鲸、海豹，这些动物不会产卵，而是直接生下幼崽，幼崽会以妈妈的乳汁为生。

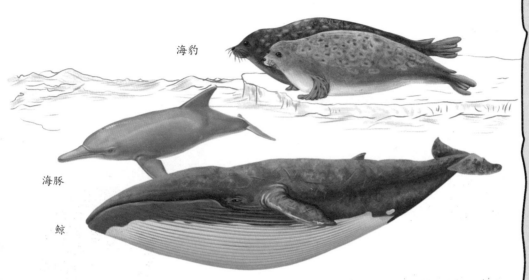

海豹

海豚

鲸

咸水和淡水

　　在大海中航行，你能看到一望无际的海洋，还可以与浪花嬉戏，但你却不能喝一点儿海水，即使你已经渴得嗓子冒烟，嘴唇干裂。这是因为海洋中的水是咸水，喝了这种水，不但不解渴，还会越来越渴，甚至有可能危及生命，而目前地球上 97% 的水正是这种人类无法直接饮用的咸水。

地球上的水与淡水所占的比例

所有水

淡水

　　陆地上一切生命所依靠的是只占 3% 的淡水，它是由江河及湖泊中的水、高山积雪、冰川以及大气中的水汽等组成的。世界上著名的大河和冰川都是淡水资源。人类及动物基本都需要生活在河流附近，才能确保生命的延续。

6.96亿立方米
3.23亿立方米
2.84亿立方米

太平洋
大西洋
印度洋

海水与淡水的比例

　　相对于一个浴缸的海水来说，淡水只能装满 4 汤匙。

地球之肺——亚马孙热带雨林

观看了动画片《里约大冒险》后，大家对五彩斑斓的亚马孙热带雨林产生了浓厚的兴趣。阿呆一直想了解金刚鹦鹉的生活习性，江冰蟾对巨嘴鸟充满好奇，而惜城则不停地念叨着"食人鱼""大鳄鱼"之类的词汇。正巧阳光姐姐要对亚马孙地区的甲虫进行标本采集，于是他们几个和兔子一起，朝着亚马孙流域出发了。

本期出场人物：阳光姐姐、惜城、兔子、阿呆、江冰蟾

我现在只想知道,它是不是想拿我们当"下酒菜"!

我观察了一下,它这样快速游动不像是在捕食。它们捕食时喜欢把自己隐藏起来,待猎物靠近时,一击制敌。

快看!绿水蚺后面还跟着一群鱼。

天哪,这可不是普通的鱼,它们是食人鲳!!!

食人鲳?我不远万里而来,赴你之约……

没过一会儿,绿水蚺已经被食人鲳快速地啃食了。大家看到这可怕的场景,赶紧把小船划到了岸边,上了岸。

食人鲳,又称食人鱼,是一种生活在亚马孙河流域的淡水鱼。虽然它们个头不大,但是上下腭的咬合力非常惊人。它们喜欢群体觅食,可以攻击比自己大几十倍的猎物,一条几米长的蟒蛇可以在短时间内被吃得只剩白骨!

河流中真是暗藏危险，陆地上应该安全多了吧。

我们在陆地上行动会方便一些，但是这不代表陆地就安全。毕竟这里生活着南美洲顶尖的捕食者——美洲豹。

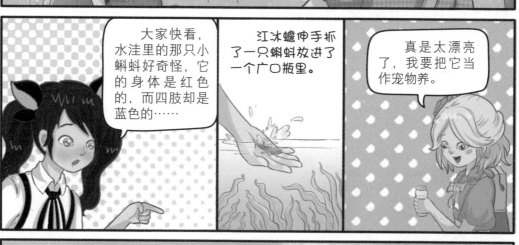

大家快看，水洼里的那只小蝌蚪好奇怪，它的身体是红色的，而四肢却是蓝色的……

江冰蟾伸手抓了一只蝌蚪放进了一个广口瓶里。

真是太漂亮了，我要把它当作宠物养。

这种箭毒蛙叫草莓箭毒蛙，成年蛙的体长只有2厘米左右。不过它们的毒性非常强，任何生物只要沾染了它们皮肤分泌的毒液，基本都会顷刻间毙命。

江冰蟾听后哇哇大哭起来。

这可是大名鼎鼎的箭毒蛙宝宝！听说一只箭毒蛙的毒可以杀死十个成年人！

啊？这下我死定了！现在我觉得手在发痒！

痒~

阳光姐姐，快施展魔法救救江冰蟾！

大家不用担心，虽然箭毒蛙毒性很强，但是它们的蝌蚪是没有毒的，因为它们的毒液来自于捕食的毒蜘蛛、毒蚂蚁等毒虫，捕食的毒虫越多，箭毒蛙的毒性就越厉害。小蝌蚪还没有捕食的能力，所以是没有毒的。

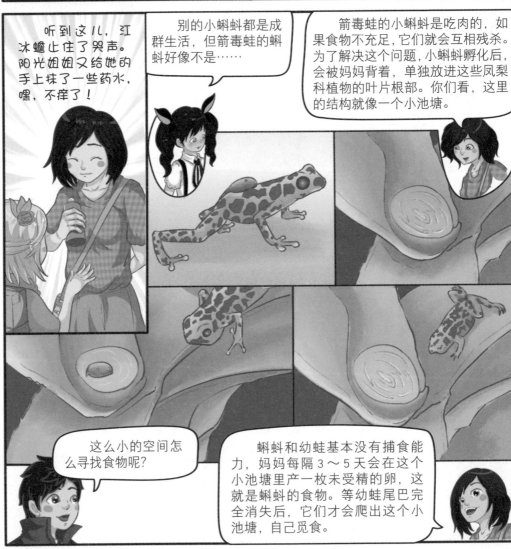

听到这儿，江冰蟾止住了哭声。阳光姐姐又给她的手上抹了一些药水，嘿，不痒了！

别的小蝌蚪都是成群生活，但箭毒蛙的蝌蚪好像不是……

箭毒蛙的小蝌蚪是吃肉的，如果食物不充足，它们就会互相残杀。为了解决这个问题，小蝌蚪孵化后，会被妈妈背着，单独放进这些凤梨科植物的叶片根部。你们看，这里的结构就像一个小池塘。

这么小的空间怎么寻找食物呢？

蝌蚪和幼蛙基本没有捕食能力，妈妈每隔3～5天会在这个小池塘里产一枚未受精的卵，这就是蝌蚪的食物。等幼蛙尾巴完全消失后，它们才会爬出这个小池塘，自己觅食。

天色渐渐暗了下来，大家开始安营扎寨。

夜晚是各种昆虫活动的时间，鸣虫也不例外。我们正好利用这个时间来捕捉甲虫。

这里的夜晚可比白天吵多了。

阳光姐姐打开引虫灯，不一会儿，一些漂亮的飞蛾和独角仙等昆虫就飞了过来，阳光姐姐和阿呆忙得不亦乐乎。

我捉……

我捉……

不好，我看到一头"怪兽"正朝这里走来！

我看你是被箭毒蛙吓坏了吧，什么怪兽呀，精灵呀，都是人们想象的。

这次恐怕不是想象，你们看，它已经朝这边走过来了。

这头"怪兽"体形相当于一头猪的大小，前肢上长着很长的爪子，脑袋细长，耳朵细小。最奇特的是，它的整个身体都被骨质的鳞片覆盖。

唰唰

唰唰

这头"怪兽"叫作大犰狳，是贫齿目的一类物种，它的大多数近亲早在几百万年前就灭绝了，幸存下来的只有食蚁兽和树懒。

食蚁兽的亲戚？难道这种"怪兽"也是以蚂蚁为食的？

没错，大犰狳和食蚁兽都喜欢以白蚁为食。它们嗅觉灵敏，可以嗅到白蚁的巢穴，接着用前肢的长爪刨开蚁穴，再将富有黏液的舌头伸进蚁穴进行舔食。

可是我们周围没有蚂蚁呀？怎么招来了大犰狳？

大犰狳的食物也包括其他昆虫，刚才我的引虫灯招引了大量昆虫，想必它是看到了昆虫才闯入这里的吧。

大犰狳吃饱后就离开了，大家也劳累了一天，很快就入睡了。

第二天清晨，大家被叽叽喳喳的鸟鸣声吵醒了。

叽叽喳喳

天哪，是动画片中的五彩金刚鹦鹉！

金刚鹦鹉有很多种，而五彩金刚鹦鹉是最漂亮的一种。大家想不想看仔细些？

当然！当然！我就是为它而来的。

啊吧啦，啊咔啦，变！

阳光姐姐念起魔咒，不一会儿，大家长出了翅膀，变成了漂亮的小鸟。大家飞到五彩金刚鹦鹉栖息的树枝附近，悄悄地观察着。

只见五彩金刚鹦鹉的身体大部分被红色的羽毛所覆盖，翅膀上覆盖的是黄蓝相间的羽毛。在阳光下，这些羽毛折射出不同颜色的光线，光彩夺目。

真想摸一摸……

不要！小心它们攻击你。

五彩金刚鹦鹉似乎察觉到了异响，惊飞而起，它们或是在天空中潇洒地翱翔，或是灵巧自如地穿行在茂密的林间。大家陶醉在这美妙、壮观的景象中。

五彩金刚鹦鹉是体形最大的鹦鹉之一。它们经常成对活动，有时也会以30只左右的小群体共同行动。我们这些"鸟儿"要是和它们打架，绝对不是对手！

太漂亮了，简直完美！

也正是因为拥有美丽的外表，五彩金刚鹦鹉才遭到人们盗猎，目前已经濒临灭绝了。

那些人太可恨了！

地球物种的多样性对于维持生态平衡非常重要，大家千万不能做这种事，否则只会自食其果。

阳光姐姐念起魔咒，大家恢复了原来的模样。之后，江冰蟾将昨天抓到的蝌蚪和蝴蝶都放了。

现在明明已经十点钟了，为什么这里还是这么昏暗呢？难道又要下雨了？

热带雨林雨水充沛，气候温暖，所以这里的植物非常茂盛。最高的是乔木，往往高达 30 米左右。它的树冠非常宽大，为的就是争夺阳光。

原来植物界也存在竞争呀！

许多鸟类生活在树冠层，这里枝叶茂密，是整个雨林最热闹的地方。动物生活在这里，不仅不容易被捕食者发现，还可以躲避地面上的危险，巨嘴鸟就生活在这一层。

巨嘴鸟生活在哪里呢？我对它最感兴趣了。

现在我们所处的地方是灌木层，这里的植被以灌木、苔藓、蕨类植物及真菌类植物为主，它们的生长不需要充足的阳光。

现在我们处在哪一层呢？

这里好像很少看到大型动物，除了昨天的大犰狳。

这里到处都是植物，盘根交错，寸步难行。所以豹子等大型猎食者都喜欢在树上寻找食物。

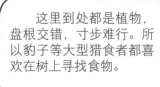

不过，这里也不是没有动物，蟑螂、蝎子、白蚁、蜈蚣等都喜欢生活在这种阴暗潮湿的环境里。

不要啊，我最怕蟑螂了！

阳光姐姐，在这寸步难行的地方，咱们该如何前行呢？

你怕蟑螂，其实蟑螂也怕你。所以它们白天一般躲在树叶下面。

亚马孙地区河流众多，只要我们顺流而下，就一定能到达开阔的区域。不过现在我们还得靠步行。

大家又走了很久，终于看到另一条河流，虽然河水流速不快，但是足以让船顺流而下。

热带雨林寸步难行，我们的小船不见了，这可怎么办？

早知道这样，我们应该给小船装个定位系统。

天哪，我们该怎么办啊？这里根本收不到外界信号，我们岂不是要过鲁滨孙一样的生活了？

大家别急。惜城和阿呆，你们去那边摘一些王莲叶子来，就是那些巨大的叶子。

二人虽然不知道阳光姐姐葫芦里卖的什么药，但还是照做了。

好了，现在大家每人找一根树枝当作船桨，然后坐上"独木舟"顺流而下吧！

王莲的叶子？独木舟？

没错，王莲的叶子浮力非常大，甚至可以承受一个成年人的体重。这艘"独木舟"肯定很好用。

我的体重没问题吧？

你可以先试一试。

阿呆小心翼翼地坐到了王莲叶子的中间，虽然刚开始有些摇晃，但是并没有沉下去。

大家不用担心了，我们快出发吧！

大家都坐到了王莲叶子上，用树枝调整好方向后，就顺流而下了……

81

层次分明的热带雨林

热带雨林植物繁多，层次分明。从垂直方向上，雨林可以分为四层。最上层是露生层，这里生长着枝杈分散的巨树，光照充足；向下是树冠层，这里枝叶纵横交错，横向生长的树冠几乎连在了一起，雨林中的大多数动物都生活在这一层；再向下是灌木层，生长着灌木、蕨类等喜阴植物；最下层是地面层，这里阴暗潮湿，到处都是湿滑的苔藓和地衣。

色彩斑斓的箭毒蛙

箭毒蛙的颜色标志着它有剧毒，它们似乎在说："别靠近我，我有毒。"箭毒蛙的肤色多种多样，主要有黄、红、蓝、黑、橙等颜色，下面就跟随我们欣赏一下这美丽而又危险的物种吧！

黄带箭毒蛙

草莓箭毒蛙

钴蓝箭毒蛙

红珍珠箭毒蛙

幽灵箭毒蛙

红带箭毒蛙

王莲的秘密

王莲叶片的浮力非常大，甚至可以承受一个成年男性的重量。那么，王莲叶片究竟为什么具有这么大的浮力呢？

翻到叶片的背面，它的秘密就一目了然了。叶片背面的正中间是叶柄，从叶柄向四周呈放射状排列着无数粗大而空心的叶脉（如果你还是不清楚，可以打开雨伞看一下伞架的架构），而大叶脉之间又连着较细的小叶脉，叶脉里面还有气室。正是这种结构，使王莲叶片具有超强的承重能力，可以平稳地浮在水面上。

粗大的叶脉

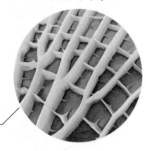

野性之美——非洲大草原

周末，惜城约同学去逛动物园。在那里，他们近距离地看到了许多动物。阿呆对威风凛凛的狮子崇拜不已，小伟最喜欢的是长着大长腿的火烈鸟，惜城和兔子则更喜欢满身斑纹、身材苗条的猎豹……大家逛了又逛，看了又看，直到太阳快下山了，才恋恋不舍地走出动物园的大门。

本期出场人物：阳光姐姐、兔子、张小伟、惜城、阿呆

大家想好去哪里看狮子了吗?

当然是非洲。我昨天上网查过,非洲的肯尼亚是动物的天然乐园,那里有许多自然保护区……

哼,地球人都知道。

"兵马未动,粮草先行"……

那么"粮草"的任务就交给阿呆了。

没问题!

我一到外地就感冒,还用带厚衣服吗?

肯尼亚横跨赤道,那里的气温非常高,我们要做的是防暑降温。

85

大家点点头。接着阳光姐姐念起咒语："啊吧啦，啊咔啦，速速起程！"还没等大家反应过来，他们已经身处肯尼亚的一个自然保护区内了。在不远处有一个湖泊，里面有许多火烈鸟。远远望去，红腿如林，场面十分壮观。

哇！

真是太震撼了！我还是第一次见到这么多火烈鸟呢。

那边还有几只小火烈鸟，和我们平时看到的小鸭子差不多大，好可爱啊。

这大长腿，我们望尘莫及啊！

这些野生火烈鸟和动物园的火烈鸟差别也太大了吧，动物园的火烈鸟几乎全身都是白色，而这些火烈鸟就像被红油漆染了色似的，难道它们品种不同吗？

火烈鸟羽毛的颜色和它们的食物有关。如果它们吃了含有虾青素的鱼虾等食物，羽毛就会变成粉红色甚至深红色。由于动物园喂给火烈鸟的食物比较清淡，它们没能获得足够的虾青素，所以羽毛的颜色相较而言要浅得多。

原来如此。不过它们可真漂亮！

你们女孩儿就喜欢这些花花绿绿的动物，我最想看的可是威风凛凛的狮子！

大家继续往前走。突然，一条大河拦在了他们面前。

我要去河边洗个脸。

我可不会这样做。

难道你害羞吗？

天哪，河里面都是鳄鱼！

非洲草原的河流里几乎都有鳄鱼。你看,它们现在都张着大嘴,那是在晒太阳呢。

这难道是非洲动物共同的特点?

并非所有的动物都这样,只有鳄鱼等冷血动物才会这么做。张大嘴巴后,它们身体的受热面积就会增加,体温就会快速升高,只有体温达到一定的要求后,它们的活动能力才不会降低。

大家快看,鳄鱼要捕食角马了。

幸好我没下河!不然,现在被捕食的就是我了!

角马群要穿越河流前往对岸。但在过河时,鳄鱼开始了捕食行动。只见一只角马被几条鳄鱼撕成了好几块,吞了下去。

看来鳄鱼是饿坏了，嚼都不嚼一下就把食物囫囵吞下去了。

它们并不是不愿意咀嚼，而是没有用于咀嚼的咀嚼肌。

好像恐龙也是这样进食的……

没错，爬行动物的进食方式基本都是吞咽式的。撕成块的食物被吞进肚子之后，消化的任务就交给了胃。这类动物的胃酸特别强，甚至能把骨头和羽毛都消化掉。

由于河里有鳄鱼拦路，大家只好顺着河边走，最后来到一大片开阔地带。在这里，角马悠闲地吃着草，大象领着小象在池塘里饮水，长颈鹿伸长脖子够树上的叶子，斑马们互相追逐打闹……

还没看到狮子捕猎，怎么能叫作"狂野"呢。

哇，这就是"狂野非洲"！

天气开始变热了，找个地方休息一下怎么样？

大家朝不远处的一棵金合欢树走去。正当大家要坐下的时候，突然从树上跳下来几只母狮。

大家先站着别动。现在正值中午，狮子们可能贪图清凉，因此躲到了树上。看它们懒洋洋的姿态，我想它们现在可能没心思狩猎，所以我们暂时是安全的。

大家胆战心惊地看着狮子，但狮子并没有攻击他们，而是默默地走开了。

狮子并没有走多远，因为它们也是有顾虑的：在不远处的草丛里，有四五只幼狮正在玩耍呢。

幼狮看上去真可爱！

说来也奇怪，你们看，这几只幼狮体形差别很大，却吃同一只母狮的奶。难道狮子妈妈不识数，把别人的孩子当作自己的了？

狮子是为数不多的群居猫科动物，为了提高存活率，有时候几只母狮会共同养育幼崽，所以这种情况并不罕见。

怎么没看到狮子爸爸呢？

虽然公狮是狮群的头领，但是它并不参与狮群的捕猎活动。它的主要职责是四处巡逻，提防其他公狮闯进自己的领地。

如果其他公狮闯入会怎样呢？

公狮会先警告闯入者，如果对方故意挑衅，那么一场大战就在所难免，战败的一方可能会丢掉性命。

嗷！

更可怕的是，如果闯入者获胜，它就会成为这个狮群的新头领。它会立刻杀死狮群里的全部幼崽。

天哪，太残忍了！它们为什么要这样做呢？

新狮王会把狮群里的母狮当作俘虏。杀死所有的幼崽后，母狮过不了多久就会怀上新狮王的后代。这样，狮群就完成了重建。

俺的地盘俺做主

不远处，一只猎豹捕捉到了猎物，正要饱餐一顿。突然，不速之客——秃鹫和鬣狗出现了，它们也想分一杯羹。

秃鹫和鬣狗也太大胆了，竟然当着猎豹的面抢夺它的食物。

秃鹫和鬣狗都喜欢不劳而获，它们跟着猎豹，在猎豹进食的时候不断骚扰它。猎豹一般在吃饱后就会放弃猎物，这时，秃鹫和鬣狗就可以坐享其成了。

原来动物界也有不劳而获的家伙。不过，我相信高贵的狮子就不会这样做，它可是草原之王。

其实狮子也常常这样做。一些单独生活的公狮经常会抢走其他动物的猎物，因为它们体形巨大且凶残成性，其他动物只能放弃猎物。

正当他们观看猎豹进食的时候，一头公狮出现在不远处，看来是狮子爸爸回来了。鬣狗看到公狮后立刻吓得跑掉了，只有秃鹫不肯走，妄想再分点残羹剩饭。

不好！公狮看到我们几个陌生面孔，恐怕会向我们发动攻击。

那，那我们该怎么办？我们的奔跑速度远远比不上狮子。

我的肥肉比较多，或许狮子不喜欢吃。

别天真了，狮子可不挑瘦肉和肥肉！

都什么时候了，你们还在斗嘴！你们看，狮子正在向我们走来……

那边有几只正在觅食的鸵鸟。鸵鸟的奔跑速度能达到每小时 80 千米，我们是不是可以骑上鸵鸟摆脱狮子？

天哪，这是多么疯狂的事情……

动物大迁徙

　　位于非洲东部的塞伦盖蒂大草原水草丰茂，是角马、斑马、瞪羚等众多食草动物的家园。塞伦盖蒂草原有典型的雨季和旱季。在旱季到来之前，动物们会大规模地迁徙，去寻找水源和新鲜的食物。在迁徙途中，狮子、猎豹等肉食动物会趁机发起攻击，它们往往以那些"老幼病残"为捕猎对象。食草动物迁徙必经的河流中则埋伏着许多鳄鱼，这些鳄鱼甚至不需要主动出击，只需在河流下游等待那些被淹死的动物就能填饱肚子。

数一数草原的鲜花

　　如果从高处看，草原大体是绿色的，但如果走近看，你就会发现，草原也是五颜六色的。

　　草原处处有花，简直就是一个天然花园。

　　旱金莲又名金莲花，原产于南美秘鲁草原，喜温暖、湿润和阳光充足的环境。

　　蓝盆花又名轮锋菊、松虫草，喜欢生长在海拔2500~3900米的高山草原上。

　　高山紫苑为多年生草本植物，喜欢生长在山地草原，极耐寒。

野罂粟生长在海拔 580~3500 米的林下、林缘、山坡草地，开花时色彩艳丽，可作为观赏花。

白头翁喜凉爽干燥气候。耐寒，耐旱，不耐高温，喜欢生长在平原、山坡的草丛中。

昆虫大家园

草原是蜜蜂和蝴蝶等许多昆虫的家园，这里花草众多，是昆虫们生活的绝佳环境。

在非洲大草原上，到处都可以看到一米多高的白蚁巢穴，每一个巢穴里面都有一只蚁后，其他白蚁都是这只蚁后的后代，它们分工明确，兵蚁负责保卫巢穴，而工蚁则担负着扩建巢穴、采集食物等任务。

蜣螂，俗称屎壳郎。草原上的动物产生的大量粪便，若非蜣螂及时清理，就可能会伤害草种，让草原变成荒漠。

蝗虫是草原上臭名昭著的害虫。每当旱季来临之后，蝗虫就会大量孵化，它们出生后几乎一刻不停地啃食植物。长出翅膀的成虫会不断迁徙、寻找食物，其所经过之处的植物均遭"洗劫"。

撒哈拉沙漠：刺激的绝境求生

夏日的一天，天气十分炎热。课间休息时，有的同学贪凉，竟然拿起水枪在校园里打起了水仗。大家你来我往，水被喷得到处都是，一位低年级的同学还因为路滑摔了一跤。老师知道此事后，狠狠地批评了玩水的同学。阳光姐姐恰巧路过，为了让大家意识到水资源的宝贵，她决定带几个同学去一个地方……

本期出场人物：阳光姐姐、惜城、咪咪、阿呆、朱子同、江冰蟾

阳光姐姐念起咒语："阿吧啦，阿咔啦，时空转移！"瞬间，大家来到了一个陌生的地方。这里黄沙遍布，一望无际。

这里难道是火星？不过，我恰好刚刚学了一点儿火星语……

得了吧，你的那些火星语连你自己都不知道是什么意思，更别说火星人了。

神奇的事情多着呢，或许火星人真能听懂呢？

你们俩能不能别这么天真？如果我们在火星上，还能自由呼吸吗？我猜这里是我国西北的沙漠地区。

哈哈，给大家一个惊喜！这里是世界上最大的沙漠——撒哈拉沙漠。我们的任务就是在缺水的环境下走出沙漠，并找到有人居住的部落。执行本次任务不能使用魔法，而且每人只有一瓶水，所以你们要格外珍惜啊。

天哪，这不是惊喜，是惊吓！

那我们怎么洗脸、刷牙呢？

都这时候了，就别爱美了。沙漠里除了沙子就只有我们几个，你的美貌恐怕无人欣赏喽。

大家出发了，不一会儿，就热得受不了了。

啊，我也快要被热死了……

不行了，我觉得我要中暑了！怎么这么热啊！

为什么沙漠的温度会这么高呢？

沙子的吸热能力非常强，沙漠中又缺少植被，当太阳直射沙漠时，温度会上升得非常快。我刚才测量了一下，地面的温度已经接近50℃了。

天哪！这里看起来无边无际，我们什么时候才能走出去呢？

撒哈拉沙漠是世界上最大的沙漠，它的面积约906万平方千米。不过，我们应该庆幸，撒哈拉沙漠不是流动沙漠，否则就更难走了。

撒哈拉沙漠

流动沙漠？难道沙漠还有腿，能自己走动？

哈哈，沙漠的"腿"就是风。如果风不断地吹动沙丘，沙丘上的沙子就会不停地移动，久而久之就会形成一个新的沙丘，这就是"流动沙漠"。

即使是流动沙漠，它们的移动速度也是有限的。

我去过新疆的塔克拉玛干沙漠，据说它就是流动沙漠，可我根本没有看到它在移动啊。

其实，沙尘暴是人类造成的恶果。人们滥伐森林植被，或者过度开垦土壤，导致土壤直接暴露在阳光下，这样水分就会蒸发，土壤就慢慢沙化了。遇到大风天气时，携带着细小尘埃的沙子会被大风卷入空中，致使空气变得浑浊。

我对"沙"印象最深的就是"沙尘暴"。沙尘暴的罪魁祸首是沙漠吗？

阿呆一口气喝完了瓶子里剩余的水。其他人也都喝了几口水。

你们一直说话，难道不口渴吗？我是受不了了！

当务之急是先找到水，水是沙漠中最重要的东西。如果没有水，人在沙漠中最多只能支撑三天。

我现在满脑子只有一个字：水！

现在你们知道水有多么宝贵了吧。有些时候，你们浪费的东西恰巧是别人最需要的东西。据有关数据显示，全世界每年有220万人因缺水或者饮用不干净的水而死亡。

现在我才知道以前有多浪费水！以后妈妈淘米的水，我都让她留着，我会用这些水来浇花……

我现在教大家一个缓解口渴的办法——喝一口水含在嘴里，不要咽下。这样，喉咙就不会觉得干了。

奇怪，为什么我们走了这么长时间，都没有见到沙漠的标志性植物仙人掌呢？

大家继续往前走，感觉周围没有那么荒凉了。前面渐渐出现了坚硬的平地，植物也多了起来，不过依然只是稀疏的灌木丛。

仙人掌原产自美洲热带、亚热带的沙漠、干旱地区，北美洲的墨西哥沙漠就是仙人掌的主要分布地区之一。

不同地区的沙漠，自然条件也不同吗？

虽然没有仙人掌，但是我看到这里的植物和仙人掌很像，它们都长着相似的尖刺。

对，撒哈拉沙漠的气候极其恶劣，这里几乎全年没有降水。而美国和墨西哥的沙漠靠近大西洋，有冷暖气流活动，因此夏季会有降水。

其实，刺就是这些植物的叶子。

我以为它们长刺是为了提防动物啃咬呢。

啊，这些东西可是我的克星！听到它们的名字，我感觉汗毛都竖起来了。

虽然我喜欢美食，不过像油炸蝎子、蜘蛛之类的我可是完全没有兴趣。

沙漠里的大型食草动物很少。因为缺水，生活在这里的动物多数是昆虫，像蜘蛛、蚂蚁等，再就是蝎子、蜥蜴和蛇。

这些小虫子可不简单。有些甲虫一大早就会爬到高高的沙丘上。这里空气流动得快，它们用屁股对着冷空气吹来的方向，不一会儿身上就沾满了露水，这就是它们获取水分的方法。蜥蜴和蛇则只需要靠捕捉到的猎物来补充水分就可以了。

可这些昆虫又是从哪里获取水分呢？总不能一生不喝水吧？

这些小甲虫可真厉害！要不，我们也试试？

沙漠中的植物也在艰难求生。

在沙漠里生存真不容易呀。

沙漠中的植物为了获取水分，会把根扎得很深。你们看，这些只有1米高的灌木丛，它们的根可能长达30米。

除了根扎得深，这些针状的叶子也可以收集露水，并且减少水分蒸发，这其实也是"适者生存"的体现。

正当大家讨论的时候，一群骆驼从远处的沙丘缓缓走来。

快看，那边有一群骆驼，难道是骆驼从吗？

这么说我们得救了！

这些骆驼身上没有任何工具，而且还有小骆驼，一看就是野生骆驼。

大家赶紧跟着骆驼，它们可是沙漠里寻找水源的好手。

这群骆驼走得并不快，大家远远地跟着它们。大概走了两小时后，大家终于看到了一片绿洲。大家朝着绿洲飞奔过去。

感谢老天爷，他一定是听到了我的祈祷。

你还是先感谢这群骆驼吧，不然，我们怎么能找到水源呢。

谢谢你们！

正在喝水的骆驼受到了惊吓，立刻逃开了。

骆驼好不容易找到水，还没有喝尽兴呢，就这样被你吓跑了。

103

不过，你们不用担心这些骆驼，它们身上也携带着"贮水瓶"呢。

真的吗？听起来太不可思议了。

骆驼真聪明！

它们的"贮水瓶"其实就是胃。骆驼的胃里有许多瓶状的水泡，这就是骆驼贮存水的地方。有了"贮水瓶"里的水，骆驼即使几天不喝水，也不会有生命危险。

当再次遇到水源的时候，骆驼会把这些"瓶子"装满，这样就可以继续旅行了。

看来，没有"绝活儿"，是无法在沙漠里生存的。

那它们吃什么呢？总不能只喝水吧？

骆驼经常在水草丰盛的地方吃得饱饱的，然后把一部分养料转化成脂肪储存在驼峰里，这些驼峰就是移动的"干粮袋"。当骆驼找不到食物的时候，这些"干粮袋"就可以为骆驼提供能量。

我觉得我们现在最要紧的是赶紧吃饱喝足,这样才有力气赶路。

刚才兴奋得都忘了喝水了。

在喝水之前,我还要再次感谢一下这些骆驼。

这里的水有那么多动物喝过,还有一些鸟儿在里面洗澡,可能不干净吧?我们是不是应该把它烧开?

惜城想得很周到!男生们先去收集木柴,我们女生负责生火煮水。

说完,大家行动起来。正当大家快要把水煮开的时候,远处出现了一支真真正正的驼队。想必他们看到了大家刚才生火时升起的烟。大家都很兴奋,这意味着他们的挑战就要成功了。

嘿!我们在这儿!我们需要帮助!

沙漠中的动物

由于沙漠中植物少，降水也少，而动植物的生存离不开水，因此沙漠可以说是生命的极限之地了，但这并不代表沙漠中没有生命，有些动物就喜欢生活在沙漠。

宽厚的脚掌

鼻孔

耳朵

骆驼的脚掌有宽厚的肉垫。这厚厚的一层肉垫不仅有隔热的作用，还可以帮助它在沙堆里正常行走。骆驼的睫毛很长，鼻孔上长着瓣膜，这都可以很好地为它遮挡风沙。此外，它的耳眼里也长了很多细长的毛，用来阻挡风沙进入。因此，骆驼被赋予了"沙漠之舟"的称号。

蜥蜴身上的鳞片可以减少水分散失。在沙漠行走时，它们会把两条腿抬起来，另外两条腿着地，以便于散热。

蝎子是沙漠中常见的一种动物，为了躲避高温，它们喜欢在夜间活动。它们喜欢捕食一些体形更小的昆虫，尾巴上的毒针只需刺一下就足以让昆虫毙命。

耳廓狐生活在沙漠和半沙漠地带，体形和小猫差不多大小。它有一对长约15厘米的大耳朵，这对耳朵不仅可以散热，还可以当作收音器，帮助它们听到一些昆虫和小动物的细微震动，以便于迅速捕捉它们。

响尾蛇是非常适合生存在沙漠的一种动物，它们喜欢把自己埋在沙子里，这样就很难被猎物和敌

人发现。它会摇动尾巴，发出"沙沙沙"的声音，这声音很像流水声，口渴的小动物就会朝着响尾蛇的方向移动，这就上了响尾蛇的当。

响尾蛇靠一种奇特的横向伸缩的方式穿越沙漠，这使它抓得住松沙，在寻找栖身之处或猎物时能够迅速地移动。

沙漠中的植物

比起沙漠中的动物，沙漠中的植物似乎更加适应这里，无论环境多么恶劣，它们总能开花结果，甚至造福人类。

仙人掌的故乡是终年干旱少雨的北美洲沙漠。为了能在沙漠生存下去，经过艰苦的抉择，它把宽大的叶子退化成了针状的刺。

胡杨主要分布在极度干旱的新疆塔克拉玛干大沙漠等地，它极度耐旱，是防沙的最佳选择。

旅人蕉的外形左右对称，像一把巨大的绿色折扇。旅人蕉的每个叶柄底部都有一个"储水器"，只要在这个位置划开一个小口，清凉甘甜的泉水就会立刻涌出。所以，旅人蕉是沙漠中的"救命树"。

昙花最初生长在美洲的热带沙漠地区。由于沙漠中白天和夜间的温差很大，所以昙花选择在夜间开花，到第二天清晨就凋谢。这样，娇嫩的花朵就不会被强烈的阳光晒干。

海市蜃楼

海市蜃楼的成因

在沙漠里，由于白天沙石被太阳晒得灼热，接近沙层的空气急速升温，形成下层热、上层冷的温度格局，造成下层空气密度远比上层小的现象。这时，远处景物反射的光线由密度大的空气向密度小的空气折射，从而形成"海市蜃楼"的奇异景象。

"海市蜃楼"中出现的景物可能是远在几百千米之外的湖泊，而在沙漠中长途跋涉的人，酷热干渴，看到此景，以为绿洲近在眼前，但是一阵风沙卷过后，眼前仍是一望无际的沙漠，这种景象只是一种幻景。

天空的七彩飘带——彩虹

午后的一场雨缓解了连续几天的闷热天气，不仅如此，还给了同学们一个大大的惊喜——天空中悄然出现了一道美丽的彩虹！它横跨在远处的青山之间，那耀眼的红、橙、黄、绿、蓝、靛、紫七种颜色在青山的衬托下显得格外清新，犹如一条漂亮的彩绸。大家很兴奋，纷纷拿出相机记录下这美好的时刻。

张小伟被这迷人的景象感动不已，竟然做起诗来，其他人也附和着，你一言，我一语，大家说说笑笑，开心极了。

不过兔子这个学霸却陷入了沉思，她最想知道彩虹形成的原因。于是他们去求助阳光姐姐。阳光姐姐答应带他们去揭开彩虹的秘密。

本期出场人物：阳光姐姐、兔子、咪咪、张小伟、江冰蟾

彩虹那么美丽，到底是怎么形成的呢？

是啊，那么美好，又那么短暂……

你们想知道彩虹的秘密？好啊，等我准备好后就出发。

一天午后，雨停了，阳光姐姐把大家召集到一起，然后变戏法般地拿出几套衣服。这些衣服看起来有些奇怪，对，就像宇航员穿的太空服。

同学们，快穿上这件衣服，我们去近距离看彩虹。

衣服的右手边有一个按钮，只要按一下，它就能让你飞起来了。

彩虹？现在哪里有彩虹呀？

这衣服有什么特别吗？

我要飞得更高，飞得更高……

飞喽！我们要飞起来喽！

大家试着按了一下按钮，果然飞了起来。

彩虹呢，怎么还是没看到呀？

别急，我们得先调整一下方向。大家先朝太阳的方向飞行。

大家按动方向按钮，朝着太阳的方向飞去。

好了，大家可以回头了。

果然，天空中出现了一道半圆形的彩虹，比上次看到的还要宽大、鲜艳。

真的出现了！大家快看！

真是太奇怪了，刚才我们就在彩虹出现的位置，可是并没有看到彩虹呀。这究竟是怎么回事呢？

入射光

第一次折射

θ

第二次折射

"θ"表示彩虹形成原理中的夹角

要想解开这个谜团，我们不妨先看一下彩虹形成的原理。

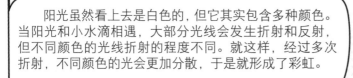

阳光虽然看上去是白色的，但它其实包含多种颜色。当阳光和小水滴相遇，大部分光线会发生折射和反射，但不同颜色的光线折射的程度不同。就这样，经过多次折射，不同颜色的光会更加分散，于是就形成了彩虹。

为什么要站在特定的位置呢？

可是我们在地面时怎么没有看到彩虹呢？按照彩虹形成的原理，只要空气中有水珠，彩虹就应该出现的呀？

没错，很多人认为只有雨后才会出现彩虹，其实只要空气中有水珠悬浮，而且我们背对着阳光，并且站在特定的位置，就能看到彩虹。

根据彩虹形成的原理，当入射光与第二次折射的光的夹角在40~42度范围内时，我们的眼睛才能感受到。所以，我们只能站在这个夹角的范围内才能看到彩虹。

也就是说，站在不同的位置会看到不同形状的彩虹？

是的。

怪不得，有一天我只看到一道半圆的彩虹，而阿呆说他看到的是一道大半圆的彩虹，我还以为他在吹牛呢，看来是错怪他了。

那你记得要给阿呆道歉呀。

那我们看到的彩虹的颜色是固定的，还是几种颜色随机搭配？

我还发现了一个奇怪的现象，那就是有的彩虹很宽，有的则很窄；有的很鲜艳，有的则很暗淡。难道这也和我们站的位置有关吗？

可以肯定地说，彩虹在任何情况下都是七色的，这是由光的属性决定的。红色排在最外面，然后是橙、黄、绿、蓝、靛、紫6种颜色。

彩虹的明暗程度和位置没有关系，而主要是由水滴的大小决定的。水滴越大，彩虹就越鲜艳，不过形状比较窄；水滴越小，彩虹就越暗淡，形状则比较宽。

阳光姐姐，空气中的水滴是怎么来的呢？

我猜是被风从海平面吹过来的。

实践出真知，我们去观察一下不就清楚了嘛。

不对吧。我去过内蒙古草原，那里也会出现彩虹，可那儿离海洋远着呢。

大家又按动方向按钮，飞到一朵云里面。

水蒸气只有遇冷才会凝结成液态的水滴，也就是说，这里的温度比地面的温度低。

温度低

水蒸气　小颗粒

结合

小水滴

小冰晶

云

温度0℃以下

折射阳光

大家看，云是由许多小水滴、小冰晶和水蒸气聚集在一起形成的一种不稳定的混合体。雨后，空气中会有许多这样的小水滴，这时在适当的位置就可以看到彩虹。而这些小水滴，其实就是地面上的水蒸气变化而来的。

没错，这里的温度比地面低很多。热空气上升到这里后会冷却，一部分水蒸气就会与周围飘浮的细小颗粒物结合，形成小水滴。如果冷空气温度过低，那么水蒸气就会直接凝华成小冰晶。这些小水滴和小冰晶慢慢变大，然后折射阳光，就是我们肉眼能看到的云了。

云都有一定的厚度呢。

怪不得它们都是一团团、一片片的……

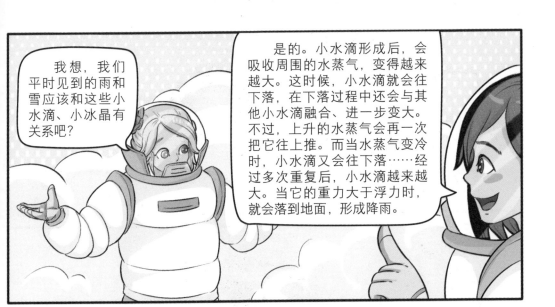

我想，我们平时见到的雨和雪应该和这些小水滴、小冰晶有关系吧？

是的。小水滴形成后，会吸收周围的水蒸气，变得越来越大。这时候，小水滴就会往下落，在下落过程中还会与其他小水滴融合、进一步变大。不过，上升的水蒸气会再一次把它往上推。而当水蒸气变冷时，小水滴又会往下落……经过多次重复后，小水滴越来越大。当它的重力大于浮力时，就会落到地面，形成降雨。

如果高空温度过低，那么水蒸气就会变成小冰晶。小冰晶和其他小冰晶融合，变成更大的冰晶。如果此时近地面的温度还在零度以上，那么这些小冰晶就会变成雨水；如果温度在零度以下，则会形成降雪。

那为什么有时候是雨，有时候是雪呢？

大家看，那边有一块像棉花糖一样的白云。

这种云叫作淡积云，多出现在雨过天晴之后，它一般表示短时间内不会再有降雨。所以说，云还可以帮助我们预测天气呢。

这个我知道，古人常说，朝霞不出门，晚霞行千里。

但是你们知道这其中的原理吗？

众人摇摇头。

因为地球是自西向东转动的，朝霞表明我们在这一天的某个时刻会处在云的下方，这时候就可能会遇到降雨。而晚霞则表明云离我们越来越远，进而说明短时间内不会下雨。

看，在很远处还有一块上白下黑的云。

那是一块积雨云，顾名思义，这种云最容易形成降雨。不过它离我们很远，所以短时间内不会下雨。

啊，我最怕闪电了！

阳光姐姐，我还想知道，下雨前为什么会发生雷电现象？

夏季闷热的时候，水蒸气会不断上升，而小水滴会不断下降，这时候，它会和水蒸气发生摩擦，产生电荷，这就是闪电。它其实是云层的一种放电现象。

作为一个男子汉来说，空中的闪电我是不害怕的。但对于地面产生的闪电，我却有点害怕。阳光姐姐，为什么闪电会跑到地面上呢？

这是因为我们脚下的地面都是带电的，地面的电荷和云层下方的电荷相互吸引，就产生了放电现象。

啊！

看，那儿又飘过来几朵云，它们不会放电吧？

我们还是赶快走吧，我好害怕。

可我们怎么走呢？

说走就走！大家先关闭右手边的喷气开关，然后再按一下左手边的按钮，就会弹出一个降落伞。

哈哈

115

看云识天气

天空中有各种颜色的云，有的洁白如絮，有的呈乌黑色，有的是灰蒙蒙一片，有的则会发出红色和紫色的光彩。云的形成和水蒸汽及大气运动有关，而这些因素对雨、雪、冰雹等天气现象起着极为重要的作用。因此，古代的劳动人民根据云的大小、形态等因素总结出了"看云识天气"的方法。

五彩缤纷的晚霞预示着明天天气不错。

如山丘般巨大的云是积雨云。积雨云的底部是乌黑色，预示着暴风雨即将来临。

天空中出现鱼鳞状的卷积云表明近期的天气状况不稳定。

毛卷云常呈白色，而且会呈现出丝般的光泽。它多呈丝条状，预示着晴朗的好天气。但如果云层逐渐变厚，天气也会逐渐转变。

淡积云又叫晴天积云，是晴天的预兆，不会产生雨、雪。特别是到了下午，如果天空中还是淡积云，这表明天气状况比较稳定。

电闪雷鸣的秘密

闪电其实是一种放电现象。飘浮在空气中的云带电，其上层是正电荷，下层是负电荷。如果两片云相遇，正负电荷相互吸引，就会出现放电现象，也就是我们看到的闪电。放电现象发生时，空气会被电流急速加热并不断膨胀，这时候我们就会听到雷声。

虽然在出现雷电时，我们首先看到的是闪电，然后才听到雷声，但实际上它们是同时产生的，只不过光在大气中的传播速度比声音快得多，因此人们总是先看到闪电，然后才听到雷声。

冰雹是如何形成的

　　无论是下雨还是下雪，都不会给人们带来伤害，主要是因为它们的质量都不是很大。但是，我们在夏天还会遇到一种"石头雨"。这些"小石头"，小的只有米粒大小，大的足有鸡蛋大小。如果被这样的"石头"砸中头部，那很可能会起一个大包。这些"石头"就是冰雹。

　　冰雹和雨雪一样，也是在云中"诞生"的，我们把这种云叫作冰雹云。冰雹云由小雨滴、过冷水滴、雪花和冰晶构成。

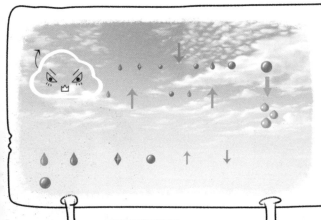

冰雹形成示意图

云中的下沉气流把云层上方的冰晶、雪花带到云层中部，过冷的水滴与冰晶或雪花碰撞在一起，形成霰或自然冻结成冻滴。冻滴和霰就是冰雹的核心。冰雹在云中随上升气流和下沉气流不断运动、增大，当上升气流再也托不住冰雹时，冰雹就会降落到地面。

　　在夏季，冰雹来得非常突然，会对人们的生活造成非常大的影响。一个鸡蛋大小的冰雹砸到物体上，就好比我们从10米高的楼上扔下一个花盆一样，后果是非常严重的。

云层与云层之间的闪电

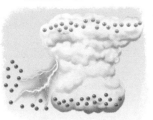

云层与大气之间的闪电

云层与大地之间的闪电

可持续发展的地球

周末的一天，阳光姐姐带着大家在市里最大的图书馆查阅资料。正当大家聚精会神地看书时，图书馆内忽然漆黑一片，原来是外面的大风把电线刮断了。阳光姐姐提醒大家不要慌。不一会儿，工作人员带着蜡烛来到了他们身边。大家借助烛光，争分夺秒，直到把需要查询的资料抄录完毕，才长长地舒了一口气。

本期出场人物：阳光姐姐、惜城、兔子、咪咪、朱子同

不过，当被问到蜡烛的原料从哪里来时，大家都说不清楚了。为了给大家解答这个问题，阳光姐姐决定带大家去一个地方……

118

阳光姐姐真贴心，知道大家功课繁重，带着我们去新疆放松一下。

才不是呢。新疆葡萄天下闻名，还有好吃的羊肉串……我想阳光姐姐是带我们去体验美食的。

你们呀，只知道娱乐！

健忘的孩子们！昨天你们不是想知道蜡烛的原材料是什么吗？今天我就带你们一探究竟。

哈哈，意不意外？惊不惊喜？

这是什么？难道是迪士尼新建的儿童娱乐项目？

在坐车去新疆的路上，大家看到了许多"大风车"，它们足有50米高。大家对此十分好奇，都驻足观看。

哈哈哈，这是风力发电机的叶片。

119

难道发电不用电线吗？这里可是连一根电线都没有。

大家看到风车后面的装置了吗？它叫作引擎舱，其实玄机都在那里面。它装有发电机和变速箱等组件，当叶片高速旋转时，通过一系列能量转化，就可以把风能变成电能了。而电缆则是通过塔柱接入地下，所以我们是看不到电线的。

煤不是也可以用来发电吗？为什么还要用风来发电呢？

因为煤是不可再生资源。也就是说，一旦煤被耗尽，这种资源就彻底消失了。

什么？煤还会用尽啊，我以为煤是取之不尽的呢。

那煤是怎么来的？我们按照煤的形成过程再将它制造出来，不就可以了吗？

这是不可能的，因为煤最初的形态是植物。

植物？我没有听错吧？

煤的形成可以追溯到距今 3.5 亿年前的石炭纪。那时的地球表面温暖潮湿，到处都是植物，这些植物死后会被泥沙覆盖，经过长时间的挤压，慢慢地变成了我们现在使用的煤。

也就是说，就算我们要复制煤的产生过程，至少也需要上亿年的时间。

虽然没有这么夸张，不过也得经过几百万年才能形成。

想想我们平时浪费了多少电！那可都是以牺牲煤炭换来的。

以后晚上睡觉时，我再也不会因为害怕而开着灯啦！

除了以上原因，现在之所以提倡风力发电，还因为煤炭燃烧后会生成二氧化硫和二氧化碳，它们可是形成酸雨的元凶。酸雨能毁坏建筑，杀死植物，对地球的破坏更严重。

嗯，那些大烟囱整天呼呼地冒烟……

所以，现在全世界都在提倡使用清洁的可再生能源，这也是为了我们的子孙后代着想呀，毕竟谁也不想失去我们唯一的家园。

哪些是可再生能源呢？除了风，我还真想不出别的来。

可再生能源

风能

太阳能　水能

其他

天哪，是不是很久以后，我们的子孙可能连煤是什么东西都不知道了吧？

其实有很多，比如说太阳能和水能，都是可再生的清洁能源，而且比较环保，所以，利用这些能源才是我们今后的发展方向。

汽车行驶了一段时间之后，在一所石油加工厂门前停了下来。阳光姐姐带着大家来到了一个大桶前面。

大家快看，这就是生产蜡烛的原材料。

这不就是石油吗？

这些东西黑乎乎的，怎么能生产出白色的蜡烛呢？

汽油也是由石油加工而来的……

对，这是刚刚从地下开采出来的石油。

如今的汽车多数要汽油驱动，而汽油燃烧后会污染空气，我们能不能用清洁能源代替呢？

现在不是有电动汽车了吗？

大家想得有些简单了。石油可不会像煤炭一样能被轻易代替，因为我们生活中的方方面面都离不开石油。大家猜猜看，石油与哪些日常用品有关？

我只知道石油可以加工成汽车燃料……唉，我的脑袋是个"假脑袋"吧？

你那是"头大无脑"！

刚才我们说过了，蜡烛的原材料就是石油……

大家可以观察一下我们的周围。除了加工成汽车的燃料之外，汽车的轮胎、方向盘、车内仪表、坐垫……它们都与石油有关。

我知道，食物包装袋的生产原料也是石油。

咪咪说对了！

还有你们想不到的，比如衣服、鞋子、皮带、发卡、钱包等，也都与石油有关。

真的吗？黑乎乎的石油和漂亮的衣服，这个……

还有更令人惊讶的，你能想象电脑、手机、电视机，以及现在的无人机，都与石油有关吗？

真是太神奇了！

已经报废的电脑可以卖给电脑回收处。

那么我们能做的就是尽量减少石油的消耗。比如，我们穿旧的衣服可以捐给儿童福利院。

正因为石油的用途实在是太广，所以现在还无法找到其他能源来代替。不过科学家一直在努力研究。

提醒爸爸妈妈少开车，多乘坐公共交通工具。

少吃零食，这样就可以减少包装袋的使用了。

阳光姐姐向大家伸出大拇指。

125

石油和天然气的形成过程

石油和天然气的"原材料"都是上亿年前或者年代更为久远的海洋生物的遗骸。这些遗骸被泥沙覆盖，然后被压碎沉积，再经过数百万年的化学变化，才形成了石油和天然气。一般来说，石油和天然气的形成需要 3 个步骤。

海洋生物的遗骸被泥沙覆盖，压碎沉积，成为岩石。

随着堆积物越来越厚，海洋生物的遗骸逐渐转化成石油和天然气。

石油和天然气向地表上升，直到被岩层阻挡。

在岩层下方的储油层中，天然气位于石油的上方。

风能发电装置

风能发电装置的构造很简单。它的原理就是利用旋转的叶片将风能转化为电能。下面我们来看一下这个装置的结构。

- 涡轮叶片：涡轮叶片主要起旋转作用，可以根据风力的大小和方向改变转动速度和方向。其长度可达30米。
- 涡轮轴：叶片在转动的时候，同时会带动涡轮轴旋转。
- 发电机：发电机可以将叶片转动的动能转化为电能。
- 变速箱：变速箱由叶片的轴驱动，可以控制发电机的速度。
- 塔柱：塔柱可以支撑叶片，并且电缆会从这里通过，进入地下。此外，人们在检查发电机等组件的故障时，也需要借助塔柱里的扶梯。
- 电缆：电缆一般都会埋在地下，这是为了减少输电过程中的能量损耗。
- 引擎舱：这里是放置发电机、变速箱和涡轮轴等组件的地方。

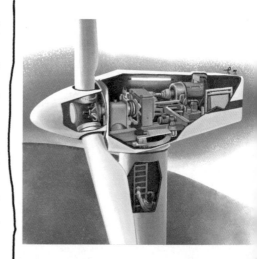

温室效应的恶果

　　在日常生活中，人们燃烧了大量的石油和煤炭，又砍伐了大量能吸收二氧化碳的树木，这使得空气中的二氧化碳含量急剧上升。二氧化碳会阻止地球表面的热量向宇宙扩散，这就像给地球穿了一件厚厚的棉衣，导致地球表面温度上升，这就是人们常说的"温室效应"。

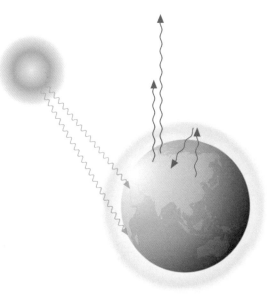

　　1. 太阳光透过大气层到达地球表面。
　　2. 夜间，这些热量以红外线的方式散发到宇宙中，这样可以使地球表面温度下降。
　　3. 大气中的温室气体可以阻挡一部分热量向外散发，并将其反射回地面，这样可以保证地球表面有一定的温度，使得生命能够存活。
　　4. 如果温室气体太多，反射到地面的热量就会增多，最终会导致地球变暖。

温室效应示意图

　　由于地球表面温度升高，位于南北极的冰川和高山上的冰雪就会融化成水，这会导致海平面上升。长此以往，一些沿海的城市将会被海水淹没，这会使许多人失去家园。

图书在版编目（CIP）数据

熟悉又陌生的地球 / 伍美珍主编；孙雪松等编绘 . —济南：明天出版社，2017.12
（阳光姐姐科普小书房）
ISBN 978-7-5332-9519-6

Ⅰ.①熟… Ⅱ.①伍… ②孙… Ⅲ.①地球—少儿读物 Ⅳ.① P183-49

中国版本图书馆CIP数据核字（2017）第 274215 号

主 编 伍美珍
编 绘 孙雪松 王迎春 盛利强 崔 颖 寇乾坤 宋焱煊 王晓楠 张云廷
责任编辑 刘义杰 张 扬
美术编辑 赵孟利
出版发行 山东出版传媒股份有限公司
明天出版社
山东省济南市市中区万寿路 19 号 邮编：250003
http://www.sdpress.com.cn http://www.tomorrowpub.com
经 销 新华书店
印 刷 济南新先锋彩印有限公司
版 次 2017 年 12 月第 1 版
印 次 2017 年 12 月第 1 次印刷
规 格 170 毫米 ×240 毫米 16 开
印 张 8
印 数 1-15000
I S B N 978-7-5332-9519-6
定 价 23.80 元